Maher Sghairoun

Valorisation biotechnologique des produits du palmier en Tunisie

AF217042

Maher Sghairoun

Valorisation biotechnologique des produits du palmier en Tunisie

Éditions universitaires européennes

Imprint

Any brand names and product names mentioned in this book are subject to trademark, brand or patent protection and are trademarks or registered trademarks of their respective holders. The use of brand names, product names, common names, trade names, product descriptions etc. even without a particular marking in this work is in no way to be construed to mean that such names may be regarded as unrestricted in respect of trademark and brand protection legislation and could thus be used by anyone.

Cover image: www.ingimage.com

Publisher:
Éditions universitaires européennes
is a trademark of
International Book Market Service Ltd., member of OmniScriptum Publishing Group
17 Meldrum Street, Beau Bassin 71504, Mauritius

Printed at: see last page
ISBN: 978-3-639-75552-7

Zugl. / Agréé par: Tunis, Institut National Agronomiques de Tunis, 2014

Dédicace

Du plus profond de mon cœur, je dédie ce travail :

A mes chers parents : **Brahim et Aicha**

Pour vos sacrifices et vos endurances durant mon cursus universitaire.

Pour tout l'amour que vous me donnez. Que ce travail soit le témoignage de mon profond amour

A ma chère femme **Lobna**

Pour ton grand amour, ta compréhension, ta patience et tes encouragements quotidiens,

A mes belles filles **Nicenne et Sirine**

A mes beaux parents **Mbarek et Aljia**

Qu'ils trouvent ici le témoignage de ma profonde reconnaissance et de mon grand amour

A toute ma famille et ma belle famille

A tous ceux dont l'affection et l'amitié me sont chères

Et enfin A tous ceux qui aiment de prés ou de loin l'oasis

Remerciements

Ce travail a été réalisé au Laboratoire d'Aridoculture et Cultures Oasiennes de l'Institut des Régions Arides de Médenine, dirigé par Monsieur **Kamel Nagaz**.

Je remercie tout d'abord Monsieur **Hédi Daghari,** Professeur à l'Institut National Agronomique de Tunisie, de me faire l'honneur de présider ce Jury.

Je tiens à exprimer mes profonds remerciements à Monsieur le Professeur **Ali Ferchichi**, mon directeur de thèse, pour m'avoir accueilli dans son laboratoire. Merci pour vos précieux conseils scientifiques, votre aide sans limite, votre générosité et votre disponibilité et surtout pour la confiance que vous m'avez accordée.

J'ai été aussi sensible à l'honneur que m'ont fait Monsieur **Bouali Saidia** et Monsieur **Ali Khou**aja, Professeurs à l'INAT, en acceptant d'être les rapporteurs de ma thèse. Je les remercie pour leurs pertinentes critiques.

Merci à Monsieur **Raouf Ben Salah,** Professeur à l'INAT, pour avoir accepté d'examiner mon mémoire et de faire partie du Jury de ma thèse.

Je tiens également à adresser mes vifs et sincères remerciements à Monsieur le Professeur **Houcine Khatteli**, Directeur Général de l'Institut des Régions Arides de Médenine, pour son aide et son soutien.

J'aimerais remercier toute l'équipe de Monsieur le Professeur **Gabriele Iorio,** chef du Département Modélisation d'Ingénierie à l'Université de Calabre (Italie) pour sa collaboration. Je voudrais également remercier Monsieur **Emanuelle Erica**, assistant en Biotechnologie au sein du même département pour sa disponibilité et sa gentillesse durant mes deux stages.

Un remerciement particulier est adressé à Messieurs **Ali Azabi** et **Taha Azabi,** pour leurs sympathies et supports linguistique.

Je suis très reconnaissant envers mon cher ami monsieur **Rebai Ben ammar,** Maitre-assistant au Centre de Biotechnologie de Borj-Cédria pour son soutien scientifique.

Je tiens à remercier mes collègues de l'IRA pour leur aide et leur encouragement et plus particulièrement: **M. S. Belkhadi, M. A. Abed, M. Sghaier, T. Khorchani, M. Nafeti, , M. Louhichi, M. Moussa, H. Jeder, M. Jouad, S. Fadhli, A. , M. Latrach, S. Najjari, A. Gaddour, M. Tarhouni, A. Zaidi, M. Lanour, N. J. Mizen, H. Rezgi, W. Rjeb... .**

Je remercie aussi tous les membres de mon Laboratoire et les personnels de la Direction Régionale de Kébili pour leurs soutiens et l'ambiance conviviale avec laquelle ils m'ont entouré.

Enfin, je voudrais remercier toutes les personnes impliquées de près ou de loin dans la réalisation de ce travail.

RESUME

Ce travail porte sur le palmier dattier (*Phoenix dactylifera* L.). Il vise essentiellement une valorisation technologique et biotechnologique des produits et sous produits du palmier dattier en vue d'explorer les potentiels énergétiques et nutritionnels des dattes ainsi que de ses restes en constituants cellulosiques. Concernant la valorisation des dattes, on s'est intéressé essentiellement aux deux cultivars marginalisés (Allig et Besr Halow) et les rebuts de Deglet Nour qui représente le cultivar potentiel en Tunisie (~ 65% des cultivars au total). L'autre axe porte sur la valorisation des déchets cellulosiques en compost biologique à partir de tous les cultivars de palmier dattier. Les dattes issues de trois différentes oasis continentales : Kebili, Tozeur et Tamaghza et les stations de conditionnement de dattes pour les rébuts Deglet Nour (Kébili, Tozeur et Nabeul). Les résultats ont montré que les propriétés morphologiques et physicochimiques des fruits de trois échantillons étudiés sont intéressantes. Les dattes présentent des potentiels forts en potassium et en phosphore observés chez les trois variétés Beser Halow (11,10%), Deglet Nour (10,32%) et Allig (8,31%). Les teneurs en sucres réducteurs sont importantes dans les variétés Besr Halow et Allig, elles varient de 23,35g/100g (MS) chez la variété Besr Halow à 43,09 g/100 g (MS) chez la variété Allig. Par contre, elle est faible chez Deglet Nour. Seuls les sous produits de la variété Deglet Nour renferment le saccharose (21,89 g/100g (MS)) ce qui permet de réfléchir à l'inversion en sucres réducteurs servant par la suite à la production des produits agroalimentaires de hautes valeurs nutritionnelles. La cinétique de l'invertase a permis de définir un modèle original de conversion du saccharose au niveau du jus de datte dont les constantes cinétiques sont les suivantes : $Km=305,58$ mM ; $Vmax=3,38$U/ml et $Ki=40,24$mM. Nos travaux ont prouvé également que la méthode de cuisson, appliquée à une température de 80 °C durant 90 minutes sur les rebuts des dattes Deglet Nour, nous a permis d'obtenir un jus de dattes énergétique, riche en solides totaux, de faible acidité, conforme aux normes de sécurité alimentaire et une doué d'une acceptabilité relative aux critères sensorielles par un test de dégustation. Par ailleurs, les analyses ont montré que les caractéristiques physico-chimiques, microbiologiques et biologiques du compost issu de sous produits du palmier dattier et préparé par la méthode en fosse est un compost de bonne qualité par le respect des normes nationales et internationales relatives aux produits organiques, en particulier le rapport C/N qui est de l'ordre de 14,8. Le palmier dattier est un réservoir de composés énergétiques et bioactifs qui nécessite d'autres études approfondies de caractérisation et de valorisation.

Mots clés: Dattes, valorisation, sucres, modèle dynamique, réacteur, invertase, jus de dattes, compost, métaux lourds, nématodes.

ABSTRACT

This work focuses on date palm (*Phoenix dactylifera* L.). The main aim is the technological and biotechnologicol valorization of the palm tree's products and by-products in order to explore the energetic and nutritional potentials of palm trees and the waste in cellulosic constituents. Concerning the date valorisation, we are interested mainly in two marginalized cultivars (Allig et Besr Halow) and in the waste of Deglet Nour which is the potential cultivar in Tunisia (~ 65% of total cultivars). The dates coming from three different continental oasis: Kebili oasis, Tozeur' s oasis, Tamaghza's oasis) in the Tunisian south and from conditioning stations of dates for the waste of Deglet Nour (Kébili, Tozeur and Nabel). The results demonstrated that the morphological and physicochemical properties of the three studied fruit samples are interesting. The dates have a high potential in terms of potassium and phosphore which is observed in the three varieties Beser Halow (11.1%), Deglet Nour (10.32%) and Allig (8.31%). The reducing sugar contents are important in the Besr Halow and Allig varieties, they varies between 23.35 in Deglet Nour variety and 43.09 g/100 g (MS) in Allig variety. Only Deglet Nour by-products contain sucrose (21.89 g/100g of MS) which allows to think about their reversal to reducing sugar to have an agrifood production with a high notional value. The invertase kinetic allowed us to define an original model of sucrose conversion in the date juice which kinetic constants are: $Km=305.58$ mM ; $Vmax=3.38U/ml$; and $Ki=40.24mM$. Our work has also proved that the cooking method applied at a temperature of 80°C during 90 minutes on Deglet Nour Dates' waste, allows to obtain an energetic, rich in total solids and low-acid date juice that complies with food safety standards and that proved an acceptability of the sensory criteria by a taste test. In this thesis, analysis established that referring to physicochemical, microbiological and biological characteristics, the compost issued from palm tree by-products and prepared by the pit method is a compost of high quality that respects the national and international standards for organic products in particular the ratio C/N that is in the range of 14.8. The palm tree is an energetic and bio-active compounds container that deserves to be studied and developed.

Key words: dates, valorization, sugars, Kinetic model, Reactor, invertase, date juice, compost, heavy metals and nematodes.

ملخص

تهدف هذه الدراسة إلى تثمين تكنولوجي و بيوتكنولوجي لمنتوج و مخلفات النخيل و البحث عن القيمة الطاقية والغذائية للتمر .وقد وقع التركيز أساسا على تثمين صنفين مهمشين ("عليق" و"بسر حلو") وبقايا دقلة النور التي تمثل الصنف ذات الجودة العالية (65 بالمائة من مجموع الأصناف).كما تهدف من ناحية أخرى إلى تحويل المخلفات السلولوزية إلى مستمد بيولوجي باستعمال كل أصناف النخيل.وقد تم تجميع عينات التمور من ثلاث واحات قارية مختلفة في الجنوب التونسي (واحة قبلي ,واحة توزر و واحة تمغزة). وبالنسبة لبقايا دقلة النور فقد تم جلبها من محطات تكييف التمور بقبلي و توزر و نابل وقد أظهرت النتائج مدى أهمية الخاصيات المرفولوجية و الفيزيائية للعينات الثلاثة المدروسة.تحتوي الأصناف الثلاث من التمور ("بسر حلو" ،"دقلة النور" و"العليق") على نسبة عالية من البوتاسيوم و الفسفور (على التوالي 11.10 ،10.32 و 8.31 بالمائة). كما تعتبر نسبة السكريات الأحادية عالية في صنف "البسر حلو" و"العليق" حيث تتراوح بين 23.35غ (على 100غ مادة جافة) في الصنف الأول و 43.09غ (على 100 غ مادة جافة) في الصنف الثاني و ضعيفة في "دقلة النور". كما أن المنتوجات الثانوية هي الوحيدة التي تحتوي على السكاروز 21.89غ (على 100غ من المادة الجافة) مما يستدعي تحويلها إلى سكريات أحادية للحصول على منتوجات غذائية ذات جودة عالية .كما بينت الدراسة أن طبخ بقايا دقلة النور في 80 درجة مائوية لمدة 90 دقيقة تمكننا من الحصول على عصير تمر مثالي غني بالمواد الصلبة وبحموضة ضعيفة' مطابقة للمواصفات الغذائية وذى قابلية حسية من خلال حصص تذوق اجريت في المختبر.

خلال إعداد هذه الأطروحة أبرزت التحاليل الفزيوكيميائية ، مكروبيولوجية و البيولوجية " للمستمد" المستخرج من مخلفات النخيل و المنتج بطريقة الأحواض هو"مستسمد" ذو جودة عالية حيث انه مطابق للمواصفات الوطنية و العالمية المتعلقة بالمواد العضوية خاصة الصيغة كربون على أزوت (14.8).وفي الختام يعتبر النخيل "مخزون" أو"مخزن" للمواد الطاقية و البيوحيوية التي تستوجب مزيد الدراسة و التعمق والتثمين.

الكلمات المفاتيح: تثمين التمور، أنموذج متحرك للانفرتاز، عصير التمر، مستسمد، صيغة، الكربون على الازوت

Table des matières

Liste des tableaux

Liste des figures

ABREVIATIONS

a* : Différences entre les tons rouges et verts.
A: Absorbance.
Å : Anguschtrum
ACP: Analyse en Composantes Principales
Al: Aluminum
ANOVA: Analyse de Variance à Un Facteur de Classification
ARN: Acide ribonucléique
b* : Différences entre les tons bleu et jaune
°C: Degré Celsius
C/N: Carbone / azotes
cal/kg : calories / kilogramme
Cb: Chlorophylle (b).
CbL: Concentration de l'élément dans le Blanc des réactifs.
Cd: Actinium
Cd: Cadmium
CIE: Commission International de l'Éclairage
Cm : Concentration du Métal exprimé en mg/l lue sur la courbe d'étalonnage
cm: centimètre
Cm: Concentration de l'élément dans le blanc en mg/l.
$C_{media,t}$: Valeur de la Concentration Moyenne
CO2: dioxyde de Carbone
COT: Carbone Organique Total
Cp: Concentration en Phosphor
CPT: Chlorophylle Totale.
CSTR: Réacteur de Mélange (**Continuous Stirred Tank Reactor**)
D.O : Densité Optique
D: Densité sèche
DF: Facteur de Dilution
DNS: Acide 3,5-Dinitrosalicyclique
DPPH : Diphényl-Picrylhydrazil
DV: Volume infinitésimal
E: Enzyme
E_0 : Concentration Initiale de l'enzyme
FAO: Food and Agriculture Organization
G/cm3[i] Grame/ centimèter cube
g/l : gram/litre
G/mol: gramme /mole
g: Gramme
GID : Groupement interprofessionnel des dattes
GIF : Groupement interprofessionnel des fruits
H: Humidité
Ha: Hectare
HPLC: High Performance Liquid Chromatography
I.P.G.R.I: International Plant Genetic Resources Institute

ITAB : Institut Technique d'Agriculture Biologique
Kg/cm2: kilogram / centimèter carré
Ki: Constante d'inhibition
Km : Constante de Michaelis
Km: kilometer
KOH: Hydroxyde de Potassium
L*: Luminosité dans une plage allant du noir (0) au blanc (100)
LD: Limite de détection
M : mètre
M: Masse de dattes
M: Masse de l'huile
M: Molaire
Max: Maximum
MF: Matières Fraiches.
Mg / l: milligramme /litre
Mg: milligramme
Min: Minimum
Mj: Masse du Jus après filtration.
Mm : Millimètre
Mm/an: millimètre /ans
MM: Matière Minérale.
mM: millimole
Mol/l: mole/litre
MOT: Matière Organique Total
MS : Matière sèche.
ms/cm : milli siemens / centimètre
MSS: Teneur en Matière Sèche.
$Na_2 S_2 O_3$: Thiosulfate de Sodium
NaOH: Hydroxyde de Sodium
NF: Normes Françaises
NGG: Nombre des Graines Germées.
NGT: Nombre des Graines Totales.
NH3: Ammoniac
Nm: Nanometer
OMS: l'organisation mondiale de la santé
P: Produit
Pf: Poids Frais
PFR : Réacteur à écoulement piston (Plug Flow Reactor)
PM: Poids Moléculaire
P_s: Poids Sèche
PVPP: Poly-Vinyle-Poly-Pyrollidone
Quantité MS: Quantité de Matière Sèche.
REP: Réacteur à Ecoulement Piston
Rpm: Rotation Par Minute
S: Concentration du Substrat
S^*: Solution Sucrée
S0: Concentration en Saccharose
T/an: Tonnes / ans
T/ans: Tonnes /ans
T: Temps

TE : Tampon Tris-EDTA
TR / min: tour / minute
UV: Onde Ultra Violet
V: Vitesse
Vb: Volume de la prise d'essai
VC: Volume d'enfilage (absorber).
Vmax: Vitesse maximal
Vn: Volume en ml.
VRBL: Violet Red Bile Lactose
Vs: Volume de l'échantillon à analyser en ml.
µl: Microlitre
σ: Ecart Type

INTRODUCTION GENERALE

Le palmier dattier (***Phoenix dactilifera L***.) est largement exploité en Afrique méditerranéenne, au Moyen Orient, en Asie de l'ouest et aux Etats Unies (Booij et *al*., 1992). En Tunisie, la phoeniciculture joue un rôle très important dans les régions arides et sahariennes en particulier dans le Djérid et le Nefzaoua où le palmier constitue l'armature de l'économie de ces régions.

L'oasis tunisienne est connue par une richesse spécifique en terme de caractéristiques pomologiques, agricoles et nutritionnelles, les prospections illustrent plus de 250 variétés du palmier dattier (Ferchichi et Hamza, 2008; Reynes et *al*., 1994; Rhouma, 1994 ; I.P.G.R.I., 2003). Les palmeraies tunisiennes sont distribuées en trois catégories d'oasis; les oasis de montagne (Tamaghza), les oasis continentales (Jérid et Nefzaoua) et les oasis littorales (Gabès, Kerkennah et Djerba) (Rhouma, 1994). Elle couvre une superficie totale évaluée à 40081 hectares (contre 1264611 hectares dans le monde), dont 15061 sont des anciennes oasis traditionnelles et 25020 hectares sont des nouvelles oasis et un effectif de 5380000 pieds dont 4200000 pieds productifs (GIF, 2013). Au cours de ces dernières campagnes, la production de la Tunisie en dattes a connu une croissance importante. La campagne 2011-2012, a dépassé 190000 tonnes dont 135000 tonnes sont de la variété prestigieuse « Deglet Nour » (CRDA, Kébili 2013).

Devant cet accroissement de plantation et de production, un grand tonnage de déchet apparaît au niveau des oasis et des usines de conditionnement de dattes (Chaira et *al*., 2010). Cependant, ces sous produits ne sont pas correctement valorisés, toutefois ces déchets sont riches en matières organiques et en substances énergétiques très importantes (Espiard, 2002). Ces pertes de dattes (rebuts et dattes communes) à faible valeur marchande d'environ 25 % de la production totale des dattes additionnées aux autres constituants du palmier dattier sont essentiellement les palmes, les régimes, les hampes florales. Selon Sghairoun et al. (2005), la palmeraie tunisienne dispose de 4339330 palmiers qui pourraient fournir 54718,95T/an de palme sèche, 211368,76T/an de palme vert, 5077,01T/an de lifs, 193968,051T/an de régime sec, 119765,508T/an de régime vert, 125406,637T/an de bractée ou glaich. Alors que ce patrimoine pourrait être exploité d'une part à l'élaboration de nouveaux produits à intérêt alimentaire important à savoir : jus, sirop, pâte..., afin de

1

valoriser les tonnes de écarts de triage perdus à chaque campagne et surtout de mettre à la portée du consommateur un produit nouveau pouvant satisfaire ses besoins alimentaires (Barreveld, 1993; Chaira *et al.*, 2010 ; Espiard, 2002; Benamara *et al.*, 2004; Mrabet *et al.*, 2008; Besbes *et al.*, 2009 ; Bauza *et al.*, 2002 ; Shraide *et al.*, 1998; Puri *et al.*, 2000; Schliemann-Willers *et al.*, 2002; Vayalil, 2002; Ishurd *et* Kennedy, 2005; Mansouri *et al.*,2005; Al-Qarawi *et al.*,2005; Al-Farsi *et al.*,2007; Biglari *et al.*,2008; Allaith, 2008). D'autre part, l'exploitation des autres constituants cellulosiques est en alimentation des animaux, au chauffage, à la construction des cabanes, des produits artistiques et de compost (Munier, 1973).

Parmi ces produits deux pourraient être prometteurs qui sont le sirop inverti qui est largement utilisé en industrie agroalimentaire comme produit d'enrobage, de certains fruits tel que les dattes en améliorant leurs propriétés organoleptiques et nutritionnelles et le compost qui est utilisé surtout en agriculture biologique en augmentant la fertilité du sol.

Le présent travail, réparti en cinq chapitres, s'intéresse à la valorisation technologique et biotechnologique des produits et sous produits du palmier dattier par la production d'un sirop de dattes inverti issu des rebuts de dattes Deglet Nour et un compost biologique issu des restes cellulosiques du palmier dattier ;

-   Le premier chapitre « Données bibliographiques » est consacré au palmier dattier, à la valorisation et transformation des produits et sous-produits du palmier dattier, ainsi qu'aux bioprocédés d'inversion de saccharose ;
-   La deuxième chapitre « Caractérisation morphologique, physicochimique et microbiologique des dattes étudiées » a été consacré à la caractérisation des dattes objets d'étude : Besr halow, Allig et écarts de triages ou rebuts de Deglet Nour ;
-   Le troisième chapitre « Modélisation enzymatique » est réservé à la modélisation de la cinétique enzymatique d'hydrolyse par invertase de saccharose issu des sous produits de dattes Deglet Nour ;
-   Le quatrième chapitre « Production de sirop inverti » est consacré à l'optimisation de la production d'un sirop de dattes inverti et leur application dans l'industrie de conditionnement des dattes (enrobage) ;
-   Le cinquième chapitre « Compostage des sous-produits dattiers » a été consacré au compostage des sous produits du palmier dattier.

CHAPITRE 1 :

Données bibliographiques

1. Le palmier dattier : Biologie et Ecologie

1.1. Origine et répartition géographique du palmier dattier

1.1.1. Origine du palmier dattier

Le palmier dattier est apparu il y a environ 110 millions d'années, en plein milieu de l'ère secondaire. Des graines de dattier sauvage datant de paléolithique, pourraient être laissées par des nomades chasseurs ont été découvertes dans la caverne de Shanider au Nord de l'Iraq (Toutain, 1967).

Le palmier dattier ou *Phoenix dactylifera* en latin signifie l'arbre de Phénicie et la ressemblance de dattes aux doigts (dactylos) de lumière (Carpenter, 1981).

Chez les grecs anciens et les romains, la palme était symbole de la victoire et le palmier était représenté par les carthaginois sur les pièces de monnaies et les monuments.

La culture du palmier dattier a probablement débuté dans un ou plusieurs pays situés dans la zone afro-asiatique qui s'étend de l'Afrique du nord à l'ouest de l'Inde. Depuis 6000 ans , le palmier dattier a été utilisé pour la construction du temple de dieu de lune d'Ur en Iraq méridional ou Mésopotamie (Dowson, 1982).

Les plus anciens témoignages de la culture du palmier dattier se situent entre 3000 et 4000 ans avant Jésus-Christ. Cependant, la culture du palmier dattier n'est devenue importante en Egypte qu'après environ mille ans qu'en Iraq, soit il y a environ 4000 à 5000 ans (Toutain, 1967).

Dans la religion islamique, et précisément au niveau du saint coran, le palmier dattier et la datte ont été mentionnés dans 17 Sourates et 20 versets.

L'espèce *Phoenix reclinata Jacq* d'Afrique tropicale, ou *Phoenix sylvestris Roxb* d'Inde, ou un hybride de ces deux pourrait être l'ancêtre du palmier dattier. Ces deux espèces ont un agréable goût, bien que les fruits soient de qualité inférieure (Al-Bekr, 1972).

La propagation du palmier dattier et de sa culture s'est produite pendant les siècles passés suivant deux directions distinctes (Al-Bekr, 1972) :

4

- Une à partir de la Mésopotamie vers l'Iran, pour atteindre la vallée de l'Indus et du Pakistan.

- L'autre à partir de l'Egypte vers la Libye, les pays du Maghreb et le Sahel.

L'établissement original du palmier dattier dans les pays du Maghreb a été au début localisé en Tunisie (Djérid), en Algérie (Oued Souf), au Maroc (Tafilalet) et en Mauritanie (Adrar). En Afrique sub –saharienne, il a été propagé dans le Niger, le Tchad…

Au début du 20ème siècle (1912), le palmier dattier a été introduit dans la région occidentale de l'Amérique du Nord : désert du Colorado, désert d'Atacama et autres régions (Nixon et Carpenter, 1978).

1.1.2. Répartition géographique du palmier dattier

Le palmier dattier se rencontre dans les régions arides et semi-arides de l'hémisphère Nord (fig. 1). Les limites extrêmes de sa répartition sont 10° Nord (Somalie) et 39° Nord (Turkménistan ou Espagne). Les régions favorables à son développement sont entre 24° Nord et 34° Nord (Tunisie, Libye, Maroc, Algérie, Egypte, Irak, Iran, etc.).

Les limites de la croissance et la floraison du palmier dattier sont 392 m au dessous du niveau de la mer et 500 m au dessus de ce niveau. (Djerbi, 1995).

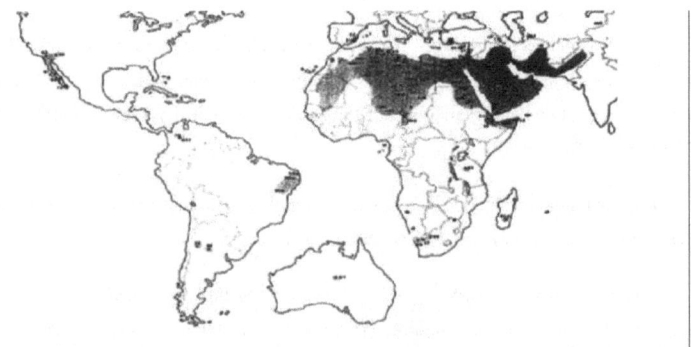

Figure 1 : Répartition géographique du palmier dattier dans le monde (Dawson, 1982)

L'aire actuelle de la culture du palmier dattier s'étend d'Est en Ouest sur 8000 km et du Nord au Sud sur 2000 km. Selon Dawson (1963), le palmier dattier couvre environ 3% de la surface cultivée du monde.

En Tunisie, les systèmes oasiens sont localisés au niveau du sud (figure 2), leur superficie totale est évaluée à 40081 hectares (contre 1264611 hectares dans le monde), dont 15061 sont des anciennes oasis traditionnelles et 25020 hectares sont des nouvelles oasis (GIF, 2010).

Figure 2 : Répartition géographique des oasis en Tunisie (CRDA ,2012)

Ces systèmes oasiens se répartissent sur quatre gouvernorats comme suit : 23000 hectares dans le gouvernorat de Kébili (57%), 8381 hectares dans le gouvernorat de Tozeur (21%), 6850 hectares dans le gouvernorat de Gabés (17%) et 1850 hectares dans le gouvernorat de Gafsa (5%) (GIF, 2010).

1.1.3. Potentiel socio-économiques du secteur phoenicicole tunisien

Le secteur du palmier dattier joue un rôle important dans le sud tunisien sur le plan socio-économique et écologique. Il constitue l'armature de l'économie des régions du Djèrid et du Nefzaoua.

Les dattes tunisiennes ont une valeur économique importante dans le système économique tunisien. La production des dattes représente 5% de la valeur de la production agricole et 15% de la valeur des exportations agricoles (2^{ème}place, vient après l'huile d'olive) et répond à la fois à la demande nationale et internationale.

L'essor de la production de Deglet Nour et sa qualité ont permis à la Tunisie d'être le premier exportateur mondial en terme de valeur et 4ème en volume.

1.1.4. Superficies cultivées

1.1.5. Productions des dattes

En 2008, les statistiques de la FAO ont estimé que la production moyenne mondiale dépasse 6 millions de tonnes. Les meilleures productions sont enregistrées en Egypte avec 1320000 tonnes et en Iran avec 1000000 tonnes. En Afrique du Nord, c'est l'Algérie qui vient en tête avec 500000 tonnes. Le tableau 2 illustre l'évolution de la production des dattes (en tonnes) de l'année 2003 jusqu'à l'année 2008.

Tableau 1: Evolution de la production de dattes dans le monde (FAOSTAT, 2009).

	2003	2004	2005	2006	2007	2008
Algérie	492217	442600	516293	491188	526921	500000
Arabie Saoudite	884080	941293	970488	977036	982546	982546
Egypte	1121890	1166182	1170000	1328720	1313696	1326133
Etats-Unis d'Amérique	16239	15604	16148	15422	14787	16511
Iran	885000	989626	996770	1000000	1000000	1000000
Iraq	868000	875000	404000	432000	440000	440000
Tunisie	116970	116970	113000	125000	124000	127000
Maroc	54110	69400	47500	45470	74300	72700
Libye	200000	150000	150000	179000	175000	175000

La production de dattes en Tunisie est estimée à 162000 tonnes pour la campagne de 2010.

En général, cette production est en croissance continue mais elle reste instable à cause des conditions climatiques et environnementales (sécheresse, désertification, pollution...).

L'évolution de la production des dattes en Tunisie de la campagne 2003 jusqu'à 2008 est illustrée dans la figure 3.

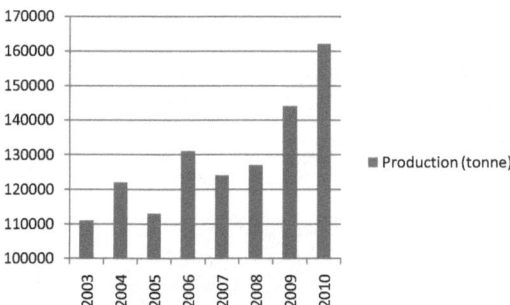

Figure 3 : Evolution de la production des dattes en Tunisie (FAOSTAT, 2009).

La production de la variété Deglet –Nour et dattes communes par gouvernorat pendant les campagnes 2008 et 2009 est indiquée au niveau du tableau 2.

Tableau 2 : Les productions de Deglet-Nour et dattes communes (en tonnes) selon les régions pour les campagnes 2008-2009 et 2009-2010 (GIF, 2009).

Variétés	Deglet Nour		Dattes communes		Total	
Régions	08-09	09-10	08-09	09-10	08-09	09-10
Kébili	64000	77500	14000	13500	78000	91000
Tozeur	28400	29000	11600	13000	40000	42000
Gafsa	2900	3100	3700	3900	6600	7000
Gabés	100	-	20000	22000	20100	22000
Total	95400	109600	49300	52400	144700	162000

Une partie importante de cette production nationale est destinée à l'exportation vers plusieurs pays du monde.

1.1.6. Exportation des dattes

A l'échelle internationale, les quantités totales exportées annuellement sont estimées à environ 400000 à 500000 tonnes avec une valeur totale d'environ 350 millions de $ US.

Les recettes à l'exportation les plus élevées sont réalisées par la Tunisie, les Etats Unis, Israël et l'Algérie. La Tunisie est le premier exportateur mondial de dattes en valeur marchande avec environ 100 millions de $ US.

Les exportations des dattes évoluent d'une campagne à une autre. La figure 4 illustre cette évolution durant les campagnes 97 jusqu'à 2009.

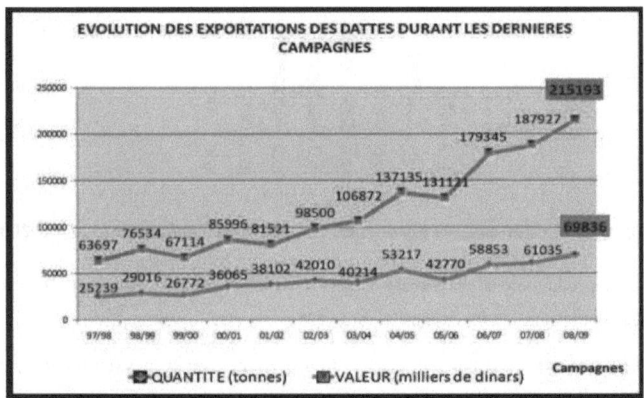

Figure 4: Evolution des exportations des dattes durant les dernières campagnes
(GIF, 2009)

De même, le nombre des marchés de la datte tunisienne évolue d'une campagne à une autre comme indique la figure 5 ci-dessous.

9

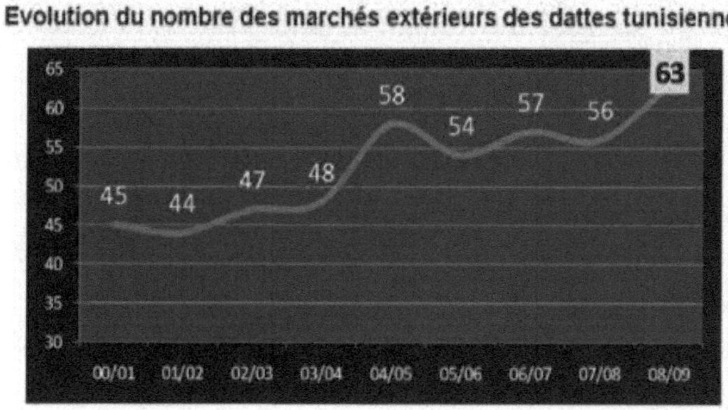

Evolution du nombre des marchés extérieurs des dattes tunisiennes

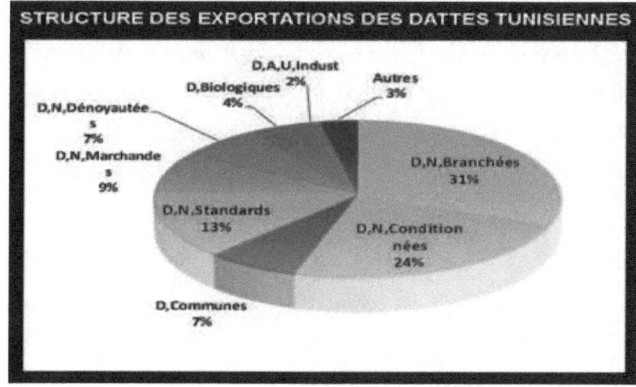

Figure 5 : Evolution du nombre des marchés extérieurs des dattes tunisiennes
(GIF, 2009)

Cette croissance du nombre des marchés extérieurs est accompagnée par une diversification permettant la découverte des nouveaux marchés autres que les anciens. De plus, l'effort de l'industrie de conditionnement de dattes donnant des formes des dattes exportées qui répondent aux demandes des consommateurs.

Figure 6 : Structure des exportations des dattes tunisiennes (GIF, 2009)

La Tunisie n'est pas le seul pays qui produit les dattes, plusieurs pays les produisent avec des quantités variables.

<u>Botanique du palmier dattier</u>

Le nom palmier dattier, *Phoenix dactylifera L.* dérive vraisemblablement de genre « Phoenix », nom phénicien qui signifie le palmier dattier, et d'espèce « dactylifera » qui dérive de mot grec « dactylos » signifiant un doigt et qui illustre la forme du fruit. Selon une autre hypothèse, le terme « dactylifera » provient du mot hébreu qui décrit la forme du fruit (Popenoe, 1938). Elle est représentée par 200 genres et 2700 espèces réparties en six familles. La sous famille des Coryphoideae est elle-même subdivisée en trois tribus. En 1973, Linné a dénommé le palmier dattier *Phoenix dactylifera L.* est classé comme suit :

- Règne : Plantae.
- Division : Magnoliophyta.
- Classe : Liliopsida.
- Ordre : Arecales.
- Famille : Arecaceae.
- Genre : *Phoenix*
- Espèce : *dactylifera*

Description morphologique du palmier dattier
Parties végétatives

La description morphologique du palmier dattier permet de distinguer les principaux organes végétatifs (système racinaire, tronc, les feuilles et organes reproductifs…) et le fruit ou dattes (figure 7).

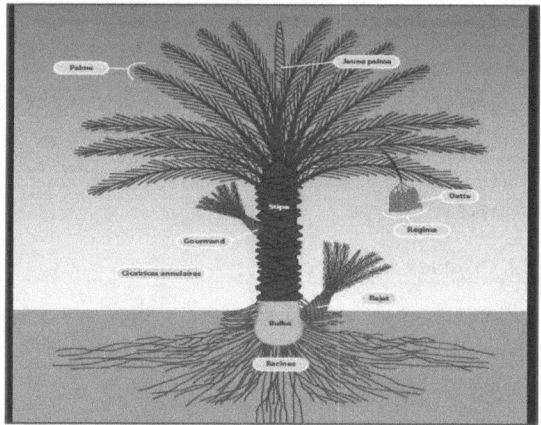

Figure 7 : Schéma représentatif de différentes parties du palmier dattier

On distingue les différentes parties végétatives suivantes :

1.3.1.1. Le tronc :

Appelé aussi tige ou stipe, il est vertical, cylindrique, brun lignifié et sans aucune ramification. Sa circonférence moyenne est environ 1 à 1,10 m.

1.3.1.2 Les feilles (Saaf)

Les feuilles : Un important descripteur taxonomique pour différencier les variétés. Les feuilles du palmier dattier (palmes) sont d'environ 4 m de long et une durée de vie normale de 3 à 7 ans.

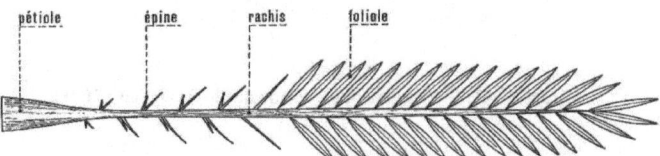

Figure 8 : Schéma de la palme

12

1.3.1.3. Le système racinaire :

C'est un système fasciculé et les racines sont fibreuses. Les racines secondaires apparaissent sur les racines primaires et produisent les racines latérales de même type avec approximativement le même diamètre dans toute leur longueur. La racine primaire peut atteindre 4 à 10 mètres alors que les racines secondaires mesurent de 20 à 25 cm et les racines tertiaires ne dépassent pas 2 à 10 cm.

1.3.1.4. Organes reproductifs :

Le palmier dattier est une espèce dioïque avec les fleurs males et femelles produites sur des pieds séparés. Ces fleurs sont produites à l'aisselle des palmes de l'année précédente. (Ferchichi.A ; Hamza. H., 2008).

Fruits ou dattes

Morphologie

La datte est une baie, constituée d'une partie charnue, la chair ou pulpe, et d'une graine communément appelée noyau. Elle comporte : (figure 9)

- L'épicarpe ou peau : enveloppe fine cellulosique.
- Le mésocarpe plus ou moins charnu et de consistance variable.
- L'enveloppe qui est réduite à une membrane fine parcheminée entourant la graine ou le noyau.
- L'épicarpe, le mésocarpe et l'endocarpe sont généralement confondus par les conditionneurs sous l'appellation de chaire ou pulpe (Buelguedj, 2001).

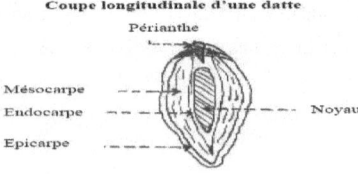

Figure 9 : Coupe longitudinale d'une datte (Buelguedj, 2001)

13

Les dattes sont en général de forme allongée, oblongue ou ovoïde, parfois sphérique. Leurs dimensions sont très variables, d'un centimètre et demi à sept ou huit centimètres de longueur.

Leurs dimensions, poids, couleurs et consistances sont très variables selon les variétés et les conditions de culture (Dawson, 1982) :

La longueur varie de 18 à 110 mm et la largeur de 8 à 32 mm ;

Le poids d'une datte peut varier de 2 à 15 grammes ;

La couleur va du blanc jaunâtre au sombre très foncé presque noir en passant par les ambres rouges et bruns plus ou moins foncés (Chaieb et al, ;1998). La consistance dépend de la teneur en eau du fruit et varie selon le stade de maturation (Hussein et al, 1974), elle constitue aussi une caractéristique du cultivar (Munier, 1961).On classe alors les dattes en trois catégories selon la consistance :

- Les dattes molles (taux d'humidité $\geq$ 30%) comme Kahla et Allig ;
- Les dattes demi-molles (de 20 à 30% d'humidité) comme Deglet Nour ;
- Les dattes sèches (moins de 20% d'humidité) comme la Kentichi.

La stabilité de la datte est fonction de la proportion entre sucres et eau. En effet, des dattes trop humides fermenteront. C'est pourquoi il est nécessaire de laisser ressuyer les dattes molles fraîches pour abaisser leur taux d'humidité afin d'en assurer la conservation.

Les dattes demi-molles fraîches peuvent parfois présenter un léger excédent d'humidité, dans les régions où l'humidité de l'air est relativement élevée ou après les pluies. On sait aussi que des dattes ayant légèrement séché en plantation à la suite de vents secs et chauds dans les régions à climat aride ou semi-aride chaud, sont peu appréciées, étant insuffisamment moelleuse et par suite doivent être réhumidifiées.

Munier (1961) a défini un indice « r » dit de qualité ou de dureté, égal au rapport de la teneur en sucres sur la teneur en eau des dattes. Le calcul de cet indice permet d'estimer le degré de stabilité du fruit et d'apprécier son aptitude à la conservation. Il est jugé optimal s'il est égal à 2. Il sert à classer les dattes qui sont qualifiées de molles pour un rapport « r » inférieur à 2, demi-molles pour « r » compris entre 2 et 3.5 et sèches pour « r » supérieur à

3.5. Il y a donc lieu de corriger ce rapport en agissant sur la teneur en eau pour assurer la stabilité des dattes d'une part et d'améliorer leur qualité d'autre part.

La proportion du noyau par rapport à la datte entière constitue une caractéristique qui dépend non seulement de la variété, mais aussi des facteurs climatologiques et des conditions de culture. Cette caractéristique est utilisée par les sélectionneurs pour évaluer la qualité d'une variété (Djerbi, 1994).

Composition biochimiques et propriétés agroalimentaires des dattes :

La composition de la datte dépend essentiellement de la variété, du stade de maturation et des conditions climato-édaphiques.

La chaire de la datte est la partie comestible du fruit, elle est formée par la superposition de l'épicarpe, le mésocarpe et l'endocarpe, est constituée essentiellement d'eau, de sucres réducteurs (glucose et fructose) et de sucres non réducteurs (saccharose), et de non sucres : protides, lipides, minéraux, cellulose, pectines, vitamines et enzymes.

Tableau 3: Les teneurs minimales et maximales des principaux constituants de pulpe et de noyau des dattes au stade «Tamar» en g / 100 de MS (Ahmed et al., 1995).

Composante	Pulpe	Noyau
Sucres totaux	44 – 88,6	3,8 – 5,8
Eau	7,8 – 40	5,2 - 10,3
Protéines	1,7 - 6,0	4,5 - 7,6
Lipides	0,1 - 1,0	7,0 - 12,7
Fibres	2,0 - 3,0	45,6 - 71,0
Cendres	1,5 - 3,0	0,8 - 1,4

La composition des dattes est riche et variée, ce qui confère à cet aliment une grande valeur nutritionnelle et énergétique (Tableau3).

Tableau 4: Valeur énergétique des dattes (FAO, 2000)

Partie de la datte	Valeur énergétique (calories)
1 kg de dattes entières	1350 à 2700
1 kg de pulpe de dates mûres	3000
1 kg de pulpe de dattes immatures	1500
1 kg de graines	1300

<u>*1.3.3.1.1. Eau*</u>

La datte est considérée comme un fruit sec, bien qu'elle n'ait pas toujours été volontairement séchée (Dupaigne, 1961).

L'eau est un constituant très important de la pulpe de datte. Sa proportion varie de 10 à 26% pour les variétés à sucre de canne et à 30% pour les variétés à sucre inverti selon les variétés et les climats (FAO, 1996).

<u>*1.3.3.1.2. Les sucres*</u>

Les sucres sont les constituants majeurs de la datte. La pulpe de la datte contient des monosaccharides (sucres invertis : glucose et fructose) et du saccharose en proportions variables (40 à 80%) selon les variétés et les stades de maturation. En effet, l'analyse des sucres de la datte a révélé la présence d'autres sucres en faible proportion tels que : le galactose, la xylose et le sorbitol. (Bouabidi et al, 1996).

Les teneurs en matière sèche, en lipides, en éléments minéraux, en tanins et en fibres diminuent progressivement du stade «Blah» au stade «Tamar » par contre, les protéines et les sucres totaux marquent une augmentation (Al-Hooti et al., 1995; Ben Salah et Hellali, 1995). L'augmentation de la teneur en sucres au dernier stade de maturité est expliquée par la diminution de la teneur en eau (Al-Shahib et Marshall, 2003).

Cette forte teneur en sucre confère aux dattes leur grande valeur énergétique : 3000 cal/kg pulpe (FAO, 2000).

Saccharose

C'est le plus répandu de tous les diholosides (α-D-glucopyranosyl (1-2) β-D-Fructofuranoside) non réducteurs. Il est composé d'un glucose et d'un fructose. Il se caractérise par une très forte solubilisation dans l'eau d'autant plus que la température de celle-ci est plus élevée : à 20°C la solubilité est de 67g pour 100g de solution.

Le saccharose n'a aucun pouvoir réducteur, mais par hydrolyse (acide ou enzymatique) il conduit à la formation des sucres réducteurs (glucose et fructose) et son pouvoir sucrant est ainsi égal à 1(Dawson et Aten, 1963).

Sucres invertis

Glucose

Le glucose est un hexose à fonction réductrice aldéhydique. Son pouvoir sucrant est égal à 70% par rapport au saccharose. Il est fermentescible par les levures.

Fructose

Le fructose ou lévulose est un hexose à fonction réductrice cétonique, il est plus hygroscopique que le glucose et le saccharose. Il est très sensible à la chaleur et à l'action des bases (Munier, 1965).

Le sucre inverti peut être obtenu par hydrolyse du saccharose. Ce sucre en solution est nettement plus fluide que le saccharose liquide (à 20°C une solution de saccharose a une viscosité trois fois plus élevée qu'une solution équivalente de sucre inverti. Il abaisse plus fortement l'activité de l'eau que le saccharose, autrement dit il augmente le pouvoir de rétention d'eau. En effet, c'est ce qui explique que pour un même rapport « r » (sucre/eau), les dattes contenant une certaine proportion de saccharose qui sont plus sèches et plus fermes que les dattes ne renfermant que du sucre inverti (Cance et Widdowson, 1993).

On peut classer les dattes selon la nature des sucres qu'elles renferment en (NT 45.14, 1985):

- Les variétés au sucre de canne : Variétés qui renferment essentiellement du saccharose, y compris Deglet Nour et Deglet Beidha.

- Les variétés au sucre inverti : Variétés qui renferment essentiellement du sucre inverti (du glucose et du fructose), y compris Allig, Horra, Bahri…..

1.3.3.1.3. Les lipides

Les lipides sont des constituants mineurs au niveau des dattes. La chair contient en moyenne 1 % de MS par contre le noyau présente en moyenne 10 % de MS. Le tableau suivant donne une idée sur la composition en acides gras saturés, mono-insaturés et polyinsaturés de la chair de datte.

Tableau 5: La composition en acides gras (g/100g) de la pulpe de datte (Al-Showiman,

Acide gras	Teneur
Acide gras saturé (g/100g)	
C12:0	0,6-5,4
C14:0	0,3-2,3
C16:0	1,7-1,8
C17:0	0,01
C18:0	0,3-0,7
C20:0	0,01
Acide gras insaturé	
C18:1	3,2-5,1
C18:2	0,7-0,8

1.3.3.1.4 Les autres composés (non sucres)

L'amidon

C'est un hydrate de carbone qui fait partie des réserves alimentaires des végétaux. Les dattes sont riches en amidon aux stades Kimri et Khalal (à des teneurs différentes selon les variétés), ensuite cette réserve se transforme en sucres grâce à l'action des enzymes invertases et l'amidon disparaît complètement au stade Tmar (Ashmawi et al., 1956 ; Dawson et Aten, 1963).

La cellulose

Les membranes cellulaires de la chair de datte sont essentiellement constituées de cellulose représentant, avec d'autres solides insolubles, 85% des matières sèches de la datte verte. Au cours de la maturation, l'accumulation des sucres dans le fruit s'accompagne d'une diminution du taux de cellulose.

La proportion de cellulose dans les dattes varie selon la variété et le stade de maturation : elle diminue chez la variété Deglet Nour et peut augmenter jusqu'à atteindre 10% chez certaines variétés communes particulièrement fibreuses comme Hamraya, Zahdi, Sayir... (Dowson et Aten, 1963).

Les tanins

La présence de tanins dans les dattes est notable au stade Kimri sous forme d'une couche un peu au dessus de la peau. Leur teneur est de 5 à 6% du poids du fruit frais et ils sont responsables de l'astringence du fruit. Cette concentration se réduit à 1% au stade Routab où l'astringence disparaît et les tanins précipitent sous la peau du fruit sous forme insoluble (Dawson et Aten, 1963).

A la maturité, la teneur en tanin devient très faible et tend même vers 0% pour la majorité des variétés. (Tableau 3).

Tableau 6: La teneur en tanins de trois variétés de dattes à différents stades de maturation (Dawson et Aten, 1963)

Le cultivar	Stade de maturité	Teneur en tanins (%poids sec)
Bahri	Khalal	1.64
	Routab	0.1
	Tmar	0.0
Deglet Nour	Khalal	1.9
	Routab	0.21
	Tmar	0.2
Halawi	Khalal	0.5
	Routab	0.0
	Tmar	0.0

Les pectines

Les substances pectiques (protopectine, pectine soluble…) sont des polyméres linéaires de l'acide galacturonique dont plus ou moins une partie des radicaux carboxyl est estérifiée par des radicaux méthyles. Ils se trouvent dans tous les fruits avec des proportions variables, qui sont de l'ordre de 6.5% au stade Kimri et 2% au stade Routab (Dowson et Aten, 1963).

Les acides aminés

Les acides aminés jouent un rôle essentiel dans les réactions de brunissement non enzymatiques (réaction de Maillard) intervenant lors de la conservation.

La teneur des dattes en acides aminés varie selon les variétés ; elle est de 140.4 mg/100g de matière sèche pour la variété de Choddekh et 507mg/100g de matière sèche pour la variété Lemsi (Bouabidi et al., 1996).

Les teneurs de la Deglet Nour et de Allig sont respectivement 256 et 204 mg/100g de matière sèche. Les cultivars ayant les teneurs les plus élevées en composés aminés sont vulnérables au brunissement rapide lors du stockage.

Les acides aminés détectés dans les dattes sont au nombre de 18 : alanine, aspargine, acide aspartique, arinine, acide y-aminobutyrique, glutamine, acide glutamique, glycine, histidine, isoleucine, lysine, phénylanine, valine, méthionine, sérine, thréonine et tyrosine (Booij et al., 1992).

Les enzymes

Les enzymes jouent un rôle important lors de la formation et la maturation du fruit. La qualité des dattes dépend essentiellement de leurs activités. On peut trouver les enzymes suivantes :

Invertase

C'est l'enzyme qui a été la plus étudiée vu son action d'hydrolyse du saccharose en fructose et glucose en entraînant une inversion du pouvoir rotatoire de la solution. Cette action est très rapide à température élevée, contribue à la formation d'une texture sirupeuse ou une cristallisation intense des sucres en surface, ce qui n'est pas souhaité pour une présentation des dattes au consommateur (Akidi et Ahmed, 1985).

Au cours de la maturation des dattes, l'accumulation des sucres réducteurs est rapportée à l'accroissement de l'activité de l'invertase (Munier, 1965).

Polyphenoloxydase

Cette enzyme est détectée sous forme de trace dans les dattes avant le stade de maturation, son activité reste basse jusqu'au stade Tmar où l'activité atteindra son maximum. L'accroissement de l'activité de polyphenoloxydase se produit juste avant la phase où les dattes deviennent molles, ce qui explique le rôle que joue cette enzyme dans le contrôle de la texture des dattes (Akidi et Ahmed, 1985).

Les vitamines

La pulpe de dattes contient un certain nombre de vitamines essentielles à teneurs appréciables.

Tableau 7: Teneur moyenne en vitamines de 100 g de dattes (Cance et Widdowson, 1993)

Vitamines	Teneur en vitamines (mg)
Vitamine C(ac. Ascorbique)	2.0
Provitamine A(caotène)	0.03
Vitamine B1(thiamine)	0.06
Vitamine B2(riboflavine)	0.1
Vitamine B3 ou PP(nicotinamide)	1.7
Vitamine B6(pyridoxine)	0.15
Vitamine B9(Ac. Folique)	0.028

Les éléments minéraux

Les dattes sont particulièrement riches en éléments minéraux, ce qui leur confère une valeur nutritionnelle et diététique assez importante (Tableau 5).

Tableau 8: Teneur moyenne de 100 g de dattes en éléments minéraux (GID, 2004)

Minéraux	Teneur en mg
Potassium	650
Calcium	71
Phosphore	50
Sodium	1
Chlore	250
Magnésium	63
Soufre	60
Fer	2.1
Manganèse	0.15
Cuivre	0.4
Zinc	0.35

La composition en éléments minéraux des dattes varie selon le stade de maturation, la variété et l'origine géographique de la nature et la composition du sol et de l'eau d'irrigation (Booij et al., 1992).

1.3.3.1.5Autres constituants

Acides organiques

Le taux d'acidité dans les dattes est proportionnel à la teneur en eau et donc inversement proportionnel au degré de maturité (Dawson et Aten, 1963).

Une corrélation existerait entre la valeur du pH et la qualité commerciale des dattes. Les pH les plus communs pour les dattes se situent entre 5,3 et 6,3.

Les acides organiques, comme les acides maliques, citriques et oxaliques contribuent à la flaveur des dattes fraîches et sont présents en quantités non négligeables durant les phases de maturation des dattes. Cependant, ces quantités diminuent considérablement au stade Tmar (Dawson et Aten, 1963).

Pigments

Les substances colorantes des dattes, mal connues jusqu'à maintenant, sont variables selon les stades de maturation (couleur verte au stade Kimri , jaune tacheté en rose ou en rouge au stade Khalal et une couleur brune au stade Routab) et les variétés. Les principaux pigments des dattes sont (Akidi et Ahmed, 1985 ; Dawson et Aten, 1963):

Les flavones : pigments jaunes de la datte Bahri ;

Les antocyanes : pigments rouges de la datte Deglet Nour ;

Stades de maturation des dattes

Le palmier dattier donne ses premiers fruits à partir de l'âge de 3 à 5 ans, mais il entre en pleine production entre 12 à 15 ans (Ahmed et al., 1995). Après la fécondation, la nouaison se produit et le fruit évolue en changeant de taille, du poids, de couleur et de consistance. D'après, la nomenclature irakienne et tunisienne, on distingue 5 stades distincts au cours des quels il y a une modification de la couleur qui varie de blanc jaunâtre à blanc verdâtre au stade de « hababouk ou bzar », brun noir , au stade « Rtab » et brun clair au stade « Tmar » (Ben Salah et Hellali, 1995).

Chaque étape de maturation du fruit est identifiée nominalement.

D'après, Sawaya et al.(1983); Sesra et al.(1993); Toutain(1967); Youssef et al.(1982); Zaid et Arias-Jimnez (2002); Munier (1973); Dawson et Aten, (1963); Peyron et Gay,(1988); Ferchichi et Hamza (2008) on distingue les cinq étapes distinctes de développement de fruit suivantes :

Stades hababouk (Bzar,Bellelou) : Ce stade débute après la fertilisation et s'étale jusqu'au commencement de l'étape de kimiri . Son accomplissement dure quatre à cinq semaines et s'est caractérisé par la perte de deux des carpelles non fertiles. Le fruit est à ce stade non mature et il est complètement couvert par le calice. Seulement l'extrémité pointue de l'ovaire est visible. Son poids moyen, variable selon les variétés, est d'environ 1g et sa longueur ne dépasse pas 0,5 cm.

Figure 10 : Les dattes au stade Bzar

Stade Kimiri (Bleh) : A ce stade, le fruit est tout à fait dur, de couleur vert pomme et n'est pas approprié à la consommation. C'est la plus longue étape de la croissance et du développement des dattes qui dure entre 60 et 110 jours, selon des variétés. La croissance étant plus rapide durant les 4 à 5 premières semaines. Ce stade étant caractérisé par une augmentation rapide en poids et en volume, une haute teneur en humidité, une accumulation rapide des sucres réducteurs, un taux croissant d'accumulation des sucres et solides totaux et une acidité plus élevée.

Figure 11 : Les dattes au stade Blah

Stade Khalal (Bessr) : Le fruit est mûr physiologiquement et la couleur vire complètement du vert au vert jaune ; jaune verdâtre, rose ou rouge selon la variété.

Il dure trois à cinq semaines selon les variétés, avec une augmentation du poids de fruit de 3 à 4% par semaine. Le sucre total et l'acidité montrent une augmentation rapide liée à une diminution de la teneur en eau. Les fruits de dattes accumulent la majeure partie de leur sucre pendant cette étape. A ce stade, la couleur du fruit devient brune.

Certaines variétés telles que Lemsi, sont consommées dans cette étape, car elles sont très douces, juteuses , fibreuses et pas acidifiées.

Les variétés récoltées au stade de Khalal sont les moins d'infestées, faciles à manipuler et facile à emballer avec un rendement élevé.

Figure 12: Les dattes au stade Bessr

Stade rutab : A ce stade, le bout à l'apex commence à murir, change de couleur en brun ou noir et devient doux. Il commence à perdre son astringence et commence à acquérir une couleur plus foncée que l'étape précédente.

Cependant, certaines variétés telles que Khadroui (Iraq) deviennent vertes à ce stade. A ce dernier stade qui dure de 2 à 4 semaines, il ya une diminution continue du poids frais (environ10%) en rapport avec la perte d'humidité, une augmentation en sucre réducteur, un taux de conversion croissant de saccharose, un gain des sucres et solides totaux et une diminution continue de l'acidité et du contenu d'humidité (30 à 40%).

C'est une étape très favorable pour la consommation comme datte mûre. A l'exception de quelques variétés, les fruits sont, à ce stade, très doux.

Figure 13: Les dattes au stade Rtab

25

Stade tamar : A ce stade, les dattes sont entièrement mûres et elles changent complètement de couleur de jaune en brune foncée. La texture de la chair est douce .Pour la plupart des variétés, la peau adhère à la chair, et elle est ridée.

A cette étape la datte contient les taux maximum de solides totaux et a déjà perdu la majeure partie de son eau (environ 10 à 20%).

C'est la meilleure pour le stockage. La diminution relative du poids de fruit pendant ce stade est de 35%.

Figure 14: Les dattes au stade Tamr

1.2. Ecologie du palmier dattier

Le palmier dattier est cultivé dans les régions arides et sahariennes caractérisées par des étés secs et chauds, des précipitations faibles et irrégulières, et un niveau très bas d'humidité relative pendant la période de maturation des fruits.

- **La température :** Le zéro végétatif du palmier dattier est 8°C. Son optimum se situe entre 30 et 34°C. Cependant, le palmier dattier peut supporter les températures exceptionnellement élevées au-delà de 50°C ou très basses au- dessous de 0°C (Zaid et de Wet ,2002).

La floraison du palmier est conditionnée par l'augmentation des températures après une période hivernale froide. Selon les régions, lés températures de floraison se situent entre 18°C (Touggourt/Algérie,Basra/Iraq) et 22-23°C(Ferchichi et Hamza, 2008).

- **La pluviométrie :**

D'après Nixon et Carpenter (1978), une pluie légère accompagnée des périodes prolongées de temps nuageux et d'humidité relative élevée peut endommager plus que la forte pluie suivie de temps clair et des vents secs.

La pluie peut être néfaste pendant les stades de pollinisation et de fructification du dattier.

Il y a en fait une polémique à ce sujet. La pluie qui parvient juste après la pollinisation est considérée comme détergent qui emporte la majeure partie du pollen appliqué. Un autre effet négatif de la pluie sur le fruit concerne des basses températures qui accompagnent ou suivent la pluie.

- **L'humidité relative de l'air :**

L'humidité de l'air affecte la qualité des dattes . A l'humidité le fruit devient très sec. Ce phénomène peut être aggravé par les vents chauds et secs (Ch'hili en Tunisie, Chergui au Maroc,etc.) qui peuvent également causer une maturation rapide de fruit.

- **Le vent :**

Le palmier dattier peut résister au vent fort, chaud et poussiéreux d'été et protéger par conséquent les autres cultures en jouant le rôle de brise vent. Le vent transporte de la poussière et du sable qui adhère aux dattes. Les vents froids perturbent la germination du pollen (Reuveni et *al.*, 1986).Au moment de la floraison, les vents chauds et secs peuvent dessécher les stigmates des fleures femelles.

1.3. Biodiversité du palmier dattier

Dans le monde on compte environ trois mille variétés de palmier dattier, fruits de plusieurs milliers d'années de sélection génétique et c'est seulement celles qui ont présenté des caractéristiques désirables (haut rendement, résistance aux sels, aux maladies, à l'humidité…..) qui ont été propagées.

En Tunisie, deux cent variétés de dattes ont été dénombrées et référencées, mais, le Deglet Nour reste la principale variété cultivée depuis les années 1980, l'Etat a délivré un programme qui consiste à rénover les oasis du sud tunisien en arrachant les vieux palmiers dattiers et en les remplaçant par des plantes de Deglet Nour ce qui a causé une érosion génétique de la palmeraie.

Après cette tendance à la monoculture, depuis 1990 une prise de conscience vis-à-vis des dangers de cette monoculture, en raison de risque des maladies ont incité les agriculteurs à planter 70% de Deglet Nour et 30 % de variétés communes, les plus vendues à l'exportation

1.4. Les principales maladies et ravageurs menaçant le palmier dattier

Qui sont l'Allig et la Kenta (Rhouma, 1993)

• **La maladie de Bayoud :** Le bayoud est une maladie fongique qui dérive du mot arabe « abiadh », signifiant la couleur blanche qui caractérise le blanchissement des palmes malades. Cette maladie de Bayoud attaque les palmiers adultes et jeunes, aussi bien que les rejets à leur base (Saaidi ,1990). Le premier symptôme de la maladie apparait sur une feuille de palmier de la couronne. Cette feuille prend une couleur grise cendre (tonalité de plomb) de la base au sommet de la palme. L'agent causal responsable du bayoud est un champignon mycète microscopique appartenant à la microflore du sol appelée *Fusarium oxysporum* forme *specialis albedinis* (Bounaga et Djerbi, 1990).

• **La maladie de Belâat :** La maladie de Belâat a été rapportée dans plusieurs pays d'Afrique du Nord (Algérie, Maroc, Tunisie, etc.) comme maladie fongique. La palme devient de plus en plus blanche puis elle suicide en raison de l'attaque suivie de l'infection et de la mort du bourgeon terminal. L'agent causal est Phytophtora palmivora (Djerbi, 1983).

• **La pourriture du fruit :** Les dommages de pourriture des fruits varient en fonction de l'humidité et la pluie. L'agent causal est Aspergillus niger (Bounaga et Djerbi ,1990).

• **La ramification hybride :** c'est un désordre physiologique du palmier dattier révélé par une croissance déformée des bourgeons végétatifs du palmier dattier, particulièrement des palmes des rejets, provoquée par un déséquilibre des régulateurs de croissance.

- **Bou Faroua** : C'est un parasite également appelé Sadaya, est causé par *Oligonychus afrasiaticus*, McGregor ou par *Oligonychus pratensis*. Ces dangereux acarides se multiplie rapidement causant la chute des fruits .Les fruits mûrs affectés sont sans valeur marchande (Bounaga et Djerbi, 1990).

- **Ver de la datte :** *Ectomyelois ceretonia Zeller* est trouvé dans toutes les régions productrices de dattes. La larve attaque les palmiers en plantation, les usines d'emballage et les magasins. Les œufs sont pondus dans les dattes et la hachure commence quatre jours plus tard la période froide (Djerbi, 1994).Il est recommandé de protéger les régimes de fruit et de fumiger les dattes stockées.

- **Coléoptère de rhinocéros (*Oryctes s L.*).** Cet insecte porte le nom du coléoptère de rhinocéros en raison de la présence d'une corne sur sa tête, qui est clairement plus longue chez le mâle (Djerbi, 1983).Les adultes se nourrissent des feuilles, des inflorescences, de tiges tendres et de fruits. Le coléoptère endommage également les palmes tendres, en mâchant des tissus et en les jetant dehors comme masse sèche. Les palmes peuvent par conséquent casser.

- **Le charançon rouge (Rhynchophorus ferrugineus).** Ce coléoptère est originaire du sud de l'Asie et de Malaisie. On le retrouve en Espagne, France, Italie, Egypte, Jordanie, Israël, Arabie Saoudite, les Emirats Arabes Unis, Iran. Le Rhynchophorus ferrugineus s'attaque à de nombreuses variétés de palmiers ainsi qu'à Agave americana, Saccharum officinarum. Dans les régions méditerranéennes les deux variétés les plus sensibles sont *Phoenix dactylifera* et *Phoenix canariensis*. Dans sa zone d'origine, il s'agit d'un important ravageur des cocotiers. Les arbres fortement attaqués perdent la totalité de leurs palmes et le pourrissement des troncs aboutit à leur mort. Les premiers symptômes n'apparaissent bien que après le début de l'infestation.

2. Valorisation technologiques et biotechnologiques des sous produits du palmier dattier

Le dattier est un réservoir génétique irréprochable (plus que 1500 espèces dans le monde) et selon Rohoma et al., la palmeraie tunisienne renferme plus que 300 variétés. Chaque année la population du palmier dattier qui couvre la Tunisie laisse environ

29

1.505.594 tonnes des déchets jetés dans l'environnement et non convenablement exploités (Sghairoun et al, 2008). Toutefois, la possibilité de récupération de ces sous produits peut être prise par des procédés technologiques tels que la transformation des dattes par l'élaboration des nouveaux produits (jus, confiture, sirop, alcool, vinaigre…) et la transformation de reste de déchets cellulosiques en produits potentiels tels que le compost, l'ensilage...

2.1. Transformation des dattes

Dans les pays arabes phoenicicoles comme l'Irak, l'Arabie Saoudite, l'Egypte et le Soudan où le tonnage des écarts de triage est important, divers procédés technologiques ont trouvé des utilisations intéressantes à ces écarts (Akidi et Ahmed, 1985 ; Boughnou, 1988 ; Mikki et al.,1982)

En Tunisie les écarts de triage subissent un tri sélectif ; 10% sont destinés à l'alimentation du bétail et le reste est traité pour la transformation, le plus souvent en pâte de dattes. Les conditionneurs sont de plus en plus confrontés à des problèmes d'écoulement d'un tel produit dont les délais de conservation sont relativement courts (Jraidi et al., 1990).

Les principales opérations de transformation des dattes se groupent juste dans l'alimentation du bétail ou humaine, soit dans l'industrie agroalimentaire, chimique ou pharmaceutique (Figure18).

2.1.1. La pâte des dattes

Les pâtes de dattes sont des pulpes ou des marmelades de dattes concentrées et rendues fermes par dessiccation. Elles peuvent être confectionnées avec des dattes molles ou demi-molles ; on ajoute alors de la farine de datte ou du sirop de datte pour leur donner une consistance convenable.

La pâte de datte permet d'utiliser en mélange des fruits ne pouvant être commercialisés en raison de leurs caractéristiques trop diversifiées. Leur débouché intéresse surtout les pâtisseries et les confiseries (fourrage de gâteaux, confection de glaces, « le makroud » en Tunisie, crèmes…) (Reynes, 1995).

Pour les variétés molles, il suffit après le dénoyautage, d'ajouter un peu d'eau et de pétrir la pulpe jusqu'à obtention d'une pâte homogène. Cette pâte est ensuite desséchée dans une atmosphère confinée à 100% pendant 20 à 30 minutes (Munier, 1973 ; Reynes, 1995). La pâte peut être pure ou mélangée avec divers produits pour constituer des friandises. Ces préparations peuvent être présentées en tablettes rations convenant à l'alimentation des collectivités, des sportifs, des militaires ou pour secourir des populations victimes de cataclysmes (Reynes, 1995).

2.1.2. La farine de dattes

La préparation de la farine des dattes exige des variétés dures et cassantes ou susceptibles de le devenir après dessiccation telle que la Degla Beida et Kentichi (Reynes, 1995). Après nettoyage, les dattes sont dénoyautées et coupées puis séchées jusqu'à une humidité inférieure à 5%. Le broyage se fait à froid dans une atmosphère sèche. (Figure 15).

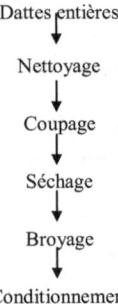

Dattes entières

↓

Nettoyage

↓

Coupage

↓

Séchage

↓

Broyage

↓

Conditionnement

Figure 15: Diagrammes de fabrication de poudre de datte (Munier, 1973).

La poudre de dattes n'est pas considérée comme un moyen pratique pour remplacer la datte fraîche là où l'on cherche son goût (fourrage de biscuits, confiserie…) mais comme un aliment de base riche en hydrates de carbone, de conservation et transport facile (Dupaigne et Munier, 1965).

Cette poudre entre dans la composition avec d'autres ingrédients (poudre de pois chiche et de lentilles…) de la poudre nourrissante « Tamarina » qui est utilisée fréquemment pour les bébés sous forme diluée dans l'eau ou aussi dans d'autres produits comme les biscuits et les tartes (Akidi et Ahmed, 1985).

2.1.3. Confiture de dattes

La confiture de dattes est un produit très apprécié dans le Moyen Orient. Il s'agit d'une pâte sucrée, de pH variant entre 3 et 3,2; obtenue après cuisson et filtration d'un mélange dattes/eau auquel on ajoute le sucre, l'acide citrique et la pectine (Al-Hooti et al.,1997). L'ajout de ces ingrédients confère à ce produit ses caractéristiques organoleptiques (goût, odeur, couleur, arôme, texture....). L'extrait sec soluble est d'environ 66 à 68 °Brix .

2.1.4. Le sirop ou « miel » de datte

Il peut être fabriqué à partir de n'importe quelle datte de qualité secondaire, de préférence des variétés molles ou susceptibles de la devenir après trempage comme les dattes de variétés Ghars et Deglet Nour rtoubah.

Les dattes, après nettoyage, sont mises à tremper jusqu'à ramollissement complet dans un même volume d'eau chauffée à 65-70°C. Les pulpes juteuses sont placées ensuite dans des scourtins pour être énergétiquement pressées (25 kg/cm2) à l'aide d'une presse hydraulique (Reynes, 1995).

Le sirop obtenu a une couleur brune dorée et une concentration de 30 à 35 en degré Brix, de viscosité identique à celle du miel d'abeille. Il est possible de l'aromatiser au miel d'abeille et pour le protéger contre tout éventuel brunissement et assurer sa conservation, on peut ajouter soit 0.1 g de bisulfite de sodium par litre de miel, soit 0.03 % d'acide ascorbique et 0.2% d'acide citrique. Il peut être utilisé en pâtisserie et, pour la confection de boissons énergétiques (Reynes, 1995).

Etape 1 : Extraction du jus de dattes

Etape 2 : Clarification du jus par filtration

Etape 3 : Cuisson du jus et obtention du sirop de dattes

Figure 16 : Les étapes de fabrication de sirop de dattes par la méthode traditionnelle (F.A.O, 1996).

2.1.5. Jus de datte

Le jus de dattes est un produit obtenu après ébullition d'un mélange datte/eau puis filtration. Le pH et le degré Brix de ces produits varient respectivement de 5,54 à 6,43 et de 17, 4 à 20,6 (Youssif et Alghamdi, 1999).

Figure 17 : Jus de datte

2.1.6. Le vin de datte

La majeure partie du sucre de la datte est extraite par diffusion à l'eau. Les fermentations ne pouvant avoir lieu que des solutions sucrées en delà de 300 g/l, une dilution du moût s'impose. L'extraction des sucres se fait en trempant les dattes entières dans de l'eau bouillante, dans la proportion de ½ en les laissant macérer jusqu'à refroidissement puis en les pulvérisant et en les pressant. Á des conditions spécifiques, on obtient le meilleur épuisement et la meilleure décantation. Deux types de fermentation peuvent être réalisés : soit une fermentation naturelle utilisant les levures endogènes pour l'obtention du vinaigre et de l'alcool industriel, soit une fermentation utilisant les levures sélectionnées pour obtenir des vins et des eaux de vie (Mikki et al.,1982 ; Reynes, 1995).

2.1.7. Le vinaigre et alcool de dattes

✓ **Vinaigre**

On ajoute de l'eau à 35-40°C à des dattes écrasées et on laisse infuser, puis on ajoute des ferments. On obtient 300 à 400 litres de vinaigre à 6-7° par 100 kg de dattes (Boughnou, 1988 ; Munier, 1973 ; Reynes, 1995).

✓ **Alcool**

La fabrication de l'alcool de datte est soumise à une réglementation sévère lorsqu'elle n'est pas prohibée. L'alcool de datte est utilisé pour des fins médicales. On obtient 25 l d'alcool pur pour 200 kg de dattes (Munier, 1973 ; Reynes, 1995).

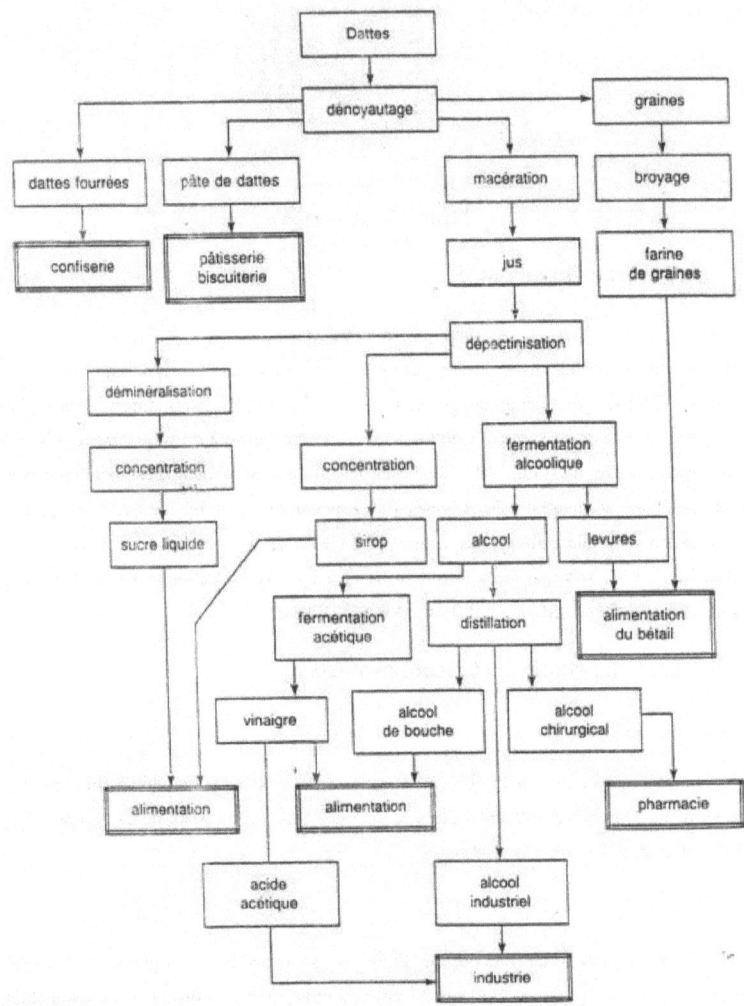

Figure 18: Principaux techniques de valorisation des sous produits de dattes (Rhouma et Tonneau, 1994).

2.2. Intérêt de Compostage des déchets cellulosiques du palmier dattier

2.2.1. Définition

Haug (1980) a défini le compostage comme « la décomposition biologique et La stabilisation des substrats organiques dans des conditions calorifiques d'origine biologique, avec obtention d'un produit final suffisamment stable pour le stockage et l'utilisation sur les sols sans impacts négatifs sur l'environnement ». Le compost est donc, pour cet auteur, une technique de stabilisation et de traitement des matières organiques.

Pour Hamrouni (1987), le compostage est la culture de la faune et de la flore naturelle du sol activées par aérations du tas.

Mustin (1987), le considère comme étant un procédé biologique assurant la décomposition des constituants organiques des sous-produits.

Quant à Gobat et al. (1998), le compostage est un procédé de traitement intensif des déchets organiques qui met en œuvre, en les optimisant, des processus biologiques aérobies de dégradation et de stabilisation des matières organiques complexes.

Hoitink (1995), voit que le compostage est une technique artificielle qui démarre et se poursuit sous conditions provoquées au lieu d'accepter le résultat d'une décomposition naturelle incontrôlée. La définition la plus précise du processus reste celle de Godden (1986) qui désigne que le compostage est un processus de transformation biologique de matériaux organiques divers. C'est un processus d'oxydation qui comprend une phase thermophile.

Les produits formés sont principalement du $CO2$ et un produit stabilisé : le compost mûr.

Les déchets organiques de départ sont colonisés puis transformés par une succession de différentes populations microbiennes .Chacune de ces populations modifient le milieu puis elle est remplacée par d'autres mieux adaptées à ces nouvelles conditions.

D'après (ITAB 2001), d'autres définitions peuvent être retenues en fonction de produit à traiter ou en fonction de l'objectif du compostage recherché.

Selon ces différentes définitions, le compostage est :

✔ un processus de décomposition et de transformation contrôlée de déchets organiques biodégradables d'origine végétale et/ou animale, sous l'action de populations microbiennes diversifiées évoluant en milieu aérobie ;

✔ une technique de stabilisation et de traitement des déchets organiques ;

✔ s'adresse à tous les déchets organiques mais en priorité aux déchets semi solides et/ou solides ;

✔ un mode de destruction, par la chaleur et divers facteurs internes des germes et des parasites vecteurs des maladies des graines et des fruits indésirables ;

✔ le résultat d'une activité microbiologique complexe, survenant des conditions particulières.

Dans cette mesure, le compostage est donc une biotechnologie, de même est une écotechnologie puisqu'elle permet le retour de la matière organique au sol et donc sa réinsertion dans les grands cycles écologiques vitaux de notre planète. Ainsi dans les compétitions entre les différents produits constitutifs de la potentielle biomasse.

En d'autre terme, le compostage peut être considéré à la fois comme une méthode de traitement biologique et comme une méthode de valorisation, éventuellement énergétique (production de chaleur) de la biomasse. D'un point de vue général, le compostage sera défini comme un processus biologique assurant la décomposition des constituants organiques des déchets en un produit organique stable riche en composés humiques : le compost.

2.2.2. Différents procédés de compostage

Les procédés de compostage connus sont nombreux. Tous les jours, devant l'intérêt croissant porté aux techniques de recyclage de la matière organique et en dépit des nombreux acquis, de nouveaux matériels et procédés apparaissent dans les brevets et sur le marché commercial .Tous les procédés connus se rattachent aux systèmes présents dans le tableau .Quel que soit le type de filière utilisé, le compostage implique plusieurs étapes :

- collecte des déchets ;

- préparation des substrats : tri broyage, homogénéisation ;

- fermentation ;

- finition des composts : maturation, tamisage, stockage, conditionnement, contrôles avant distribution

✓ **Le tri (ou séparation) :** Le tri est une opération nécessaire lorsqu'il faut séparer, dans un déchet hétérogène, les matières organiques et les fractions qui ne compostent pas ou ne sont pas acceptables pour les sols et les substrats de culture. C'est le cas des ordures ménagères et des déchets industriels, riches en verres, métaux, plastiques. Dans certains cas, on cherche à enlever une certaine fraction des papiers cartons, d'une part pour les recycler, les valoriser, pour produire de l'énergie, et d'autre part pour diminuer le rapport C/N du substrat. Le tri peut s'effectuer à différents niveaux d'une chaîne de valorisation des déchets :

- tri à la source ;

- tri par collecte sélective ;

- tri collecte (Mustin, 1978).

✓ **Le broyage :** Le broyage est le terme qui désigne, dans le compostage, une opération mécanique de réduction de la taille moyenne des particules .Ce traitement mécanique agit par la mise en jeu de forces de tension, de compression, de choc, et coupures .La technique a été réadaptée ensuite, par les fabricants, aux divers déchets spécifiques .Cette diversification des matériels a la mise au point d'une série de matériels appelés broyeurs, désintégrateurs ,affineurs ,etc. en fonction des objectifs d' utilisation .

La granulométrie des substrats dans certains cas est très grossière et ne correspond pas à une gamme optimale de fermentation aérobie d'un substrat donné. La réduction de la taille moyenne des particules permet d'augmenter la surface de contact entre la masse organique et les volumes lacunaires, donc la vitesse de fermentation.

Différentes techniques de broyage sont employées pour atteindre cet objectif de réduction de taille des particules, depuis des moyens indirects comme le piétinement des produits végétaux secs par des animaux (pailles) jusqu'à l'emploi de matériels sophistiqués de broyage direct. Suivant les filières de compostage actuelles, on peut distinguer plusieurs types de matériel :

- les broyeurs de forte capacité, employés pour les déchets urbains et industriels.

- les broyeurs utilisés pour les déchets végétaux ligneux, comme les broyeurs forestiers ; ou des appareils couplés à une fonction précise de, broyeur de cageots ou de palettes bois, etc.

- les broyeurs agricoles comme les hache pailles, les gyro-broyeurs.

- Les ensileuses sont le plus souvent des appareils mobiles, animés par la prise de force des tracteurs,

- les petits broyeurs dans le domaine du jardin amateur : broyeurs de jardin à moteur, épateuses de haies, broyeurs à mains ou pédales.

Cette classification rapide des broyeurs par taille décroissante correspond également à différentes techniques de compostages. Cette classification est directement en rapport avec les puissances installées nécessaires pour broyer les produits bruts pour divers débits.

En compostage, les plus connus et les plus utilisés sont les broyeurs mécaniques, à marteaux ou à lames (Mustin, 1987)

✓ **L'homogénéisation :** L'homogénéisation du matériel mis en compostage est un paramètre de la production de compost parmi les autres et doit être amené à un niveau optimal sous peine d'être rapidement limitant. L'homogénéisation doit être assurée lors de la préparation des substrats hétérogènes, ou du mélange des divers constituants. Pour les déchets hétérogènes comme les ordures ménagères, le broyage préalable et éventuellement le tri constituent des étapes préparatoires. La fraction organique triée et broyée constitue une phase relativement homogène qu'on peut mettre en compostage directement. Pour les produits forestiers, plusieurs cas se présentent suivant que les déchets sont compostés seuls (sans homogénéisation) ou en mélange, en particulier pour obtenir un rapport C/N plus favorable, ou un taux d'humidité suffisant. Pour les déchets agricoles, les mélanges sont réalisés dès l'étable pour les fumiers paille. Les déchets ménagers hétérogènes sont triés et mélangés à d'autres déchets de jardin, broyés ou non.

L'homogénéisation est une opération préalable nécessaire lorsque la fermentation a lieu en tas ou andains non retournés ou en fermentation non brassés ou en fosse fixe. Dans les autres cas, l'homogénéisation est assurée par les procédés d'aération (andains retournés ou fermenteurs brassés).

Dans tous les cas, les opérations de manipulation intermédiaires pendant la fermentation ont une fonction importante d'aération et d'homogénéisation (reprise d'un tas par un tractopelle, d'un compost en fosse ou en silo couloir ou transport d'un compost par convoyeur d'un point à un autre). (Mustin, 1987)

✓ **La fermentation :** On a continué à distinguer les systèmes à fermentations lentes des systèmes à fermentations rapides, correspondant à un meilleur contrôle des paramètres. Selon la classification que nous employons, nous distinguons :

- les systèmes de fermentation à base des couches généralement minces de substrat comme dans le compostage de surface (épandage d'un fumier, d'un mulch), ou dans le lombri-compostage (apports de substrat sur des litières avec de terres épigés) ;

- les systèmes de fermentation à moyenne et haute température, dès qu'une montée significative en température sont mesurés dans la masse du substrat (plus de 40 à 45°C).

Dans cette catégorie, on sépare les méthodes de fermentation en distinguant les systèmes dits « ouverte où la masse en fermentation est en contact direct avec l'air à l'air ambiant (tas, andains, silos couloirs, fosses …que les masses soient abritées ou pas), et les systèmes dits ''clos'' » (fermenteurs aérobies). La comparaison des différents systèmes au niveau des fermentations est souvent réalisée sur la base du facteur temps. Entre les fermentations lentes et accélérées, on observe essentiellement :

- une forte réduction des premiers phases thermophiles ;

- une faible réduction des phases mésophiles ;

- des phases finales de maturation identiques.

Le maintien du compost dans la gamme optimale de fermentation aux différents stades d'évolution est effectué par le contrôle des paramètres principaux .Comme nous l'avons vu précédemment, ces paramètres principaux sont la température, le taux d'oxygène disponible, le taux d'humidité, le pH et la nature du substrat.

Les différents systèmes offrent un contrôle plus ou moins poussé de ces paramètres majeurs. En ce qui concerne les deux derniers, l'humidité et le PH, ils sont amenés dans la gamme optimale par la vérification de la teneur en eau et par la correction de la composition biochimique du substrat. En résumé, les systèmes de fermentation aérobies diffèrent surtout par la nature et le degré de contrôle de paramètres dépendants comme la température et le taux d'oxygène disponible (Mustin, 1987).

✓ **Retournement :** Le compostage en andain consiste à placer un mélange de matières premières dans de longs tas étroits appelés andains qui sont remués ou tournés de façon régulière L'opération de retournement mélange les composants du compost et améliore l'aération passive. De manière générale, les andains ont une hauteur qui varie de 90 cm pour les matières denses telles que le fumier, à 360 cm de haut pour les matières légères, volumineuses telles que les feuilles. Leur largeur varie de 300 à 600 cm. L'équipement utilisé pour retourner les andains est déterminé par leur taille et leur espacement. Les chargeuses/pelleteuses, dotées d'une longue portée, peuvent construire des andains hauts. Les retordeuses produisent des andains larges et bas.

Les andains sont aérés essentiellement par un mouvement passif ou naturel de l'air (convection et diffusion gazeuse). Le taux d'échange avec l'air dépend de la porosité de l'andain. Ainsi, la taille de l'andain qui peut être effectivement aérée de cette manière est déterminée par sa porosité. Un andain composé de feuilles peut être bien plus grand qu'un andain humide contenant du fumier.

Quand l'andain est trop grand, des zones anaérobies apparaissent à proximité du centre. Des odeurs sont libérées quand l'andain est retourné. Par contre, les petits andains perdent rapidement de la chaleur et risquent de ne pas réussir à atteindre une température suffisamment élevée pour permettre l'évaporation de l'eau et l'élimination des pathogènes et des graines d'adventices.

Pour les compostages à petites et moyennes échelles, le retournement peut être effectué à l'aide d'un chargeur frontal ou d'une pelle portée par un tracteur ou un tractopelle. Le chargeur soulève les matériaux de l'andain et les déverse à nouveau, mélangeant ainsi les matières et remettant le mélange sous forme d'un andain plus aéré. Le chargeur peut mélanger les matières se trouvant à la base de l'andain avec celles du haut, formant ainsi un nouvel andain à proximité de l'ancien. Afin de minimiser la compaction, l'opération doit s'effectuer sans rouler sur l'andain. Les andains, retournés avec un chargeur, sont souvent construits par paires assez serrées et sont ensuite rassemblés une fois que les andains auront diminué de volume. Si les matières doivent être de nouveau mélangées, un chargeur peut être utilisé en combinaison avec un épandeur de fumier.

Il existe un certain nombre de machines spécialisées pour retourner les andains, qui réduisent considérablement la durée des interventions et le travail demandé, mélangent parfaitement les matériaux, et produisent un compost plus homogène. Certaines de ces machines s'attachent à un tracteur agricole ou à un chargeur, d'autres sont autopropulsées. Quelques-unes peuvent aussi charger des camions et des remorques à partir de l'andain.

Il est très important de suivre un programme de retournement. La fréquence de retournement est fonction du taux de décomposition, du taux d'humidité et de la porosité des matériaux, ainsi que de la durée désirée de compostage. Comme le taux de décomposition est plus important au début du processus, la fréquence de retournement diminue au fur et à mesure que les andains mûrissent. Des mélanges de composés facilement dégradables ou avec de fortes teneurs azotées pourront nécessiter des retournements quotidiens au début du processus. Au fur et à mesure du déroulement du compostage, la fréquence de retournement pourra être réduite à un seul par semaine.

Lors de la première semaine de compostage, la hauteur de l'andain diminue sensiblement et à la fin de la deuxième semaine, elle pourrait être de 60 cm. A ce stade, le rassemblement de deux andains semble être une option prudente tout en continuant le programme de retournement des andains. La combinaison des andains est une bonne pratique hivernale pour retenir la chaleur générée durant le compostage.

Ceci est l'un des avantages du compostage en andain, qui est un système polyvalent pouvant être ajusté selon les changements saisonniers.

Avec la méthode de compostage en andain, l'étape de compostage actif dure généralement entre trois et neuf semaines selon la nature des composants et la fréquence de retournement. Huit semaines sont nécessaires pour les opérations de compostage du fumier. Si la durée désirée de compostage est de trois semaines, il faudra retourner l'andain d'une à deux fois par jour pendant la première semaine, et tous les trois à cinq jours par la suite.

2.2.3. Paramètres de compostage

On distingue deux catégories :

❖ Les paramètres liés à la nature de la matière première et qui peuvent déterminer sa maturité : humidité, rapport C/N, granulométrie du substrat,

❖ Les paramètres de suivi du processus de compostage qui influencent les conditions de vie des micro-organismes : humidité température et aération. A ces paramètres, on peut ajouter d'autres liés à la technique adoptée.

2.2.3.1. Granulométrie

La taille des matières à composter est un facteur important qui détermine la vitesse de biodégradabilité .En effet, lorsque les particules sont petites, la surface d'attaques par les micro-organismes devient importante .Toutefois, si les particules sont trop petites, l'espace poral est réduit ce qui entrave la circulation de l'air dans la matière en compostage (Mustin, 1987). La granulométrie évolue durant le compostage avec une descente de taille (fragmentation) vers des éléments fins.

La granulométrie est considérée comme la mesure de la dimension des particules d'un mélange. Par extension, dans le vocabulaire courant, c'est la proposition relative de répartition des particules dans différents intervalles de dimensions. Pour le compostage, la réduction moyenne de la taille des particules des substrats entraîne un accroissement du taux d'activité microbiologique et leur vitesse dans la dégradation, car la surface de contact est plus grande. L'idéal théorique que constitue un matériau très finement pulvérulent n'est pas envisageable dans la pratique pour des raisons économiques et énergétiques (broyage) et techniques (nécessité de maintenir des conditions optimales d'aération). Ces aspects seront évoqués avec l'étude des matériels de compostage. Pratiquement, deux cas sont le plus souvent rencontrés :

- Le matériau brut a un rapport C/N correct et possède une granulométrie apparente acceptable (d'ordre centimétrique).

- le matériau brut est humide, avec un C/N bas .Il nécessite l'apport d'un composé carboné. Celui-ci est généralement ligno-cellulosique et difficilement biodégradable (paille, bois, etc.). Pour un C/N donné, on s'efforce alors de trouver compromis entre la structuration du mélange et sa vitesse de dégradation. Dans la réalité, le pH intervient en même temps au cours du compostage avec l'évolution des substrats, leur action résultante, pour une aération et une humidité optimale et on détermine l'allure dès l'évolution des substrats en fonction du temps (Mustin, 1987).

2.2.3.2. Température

La température est un facteur important du compostage. C'est un paramètre facile à mesurer qui permet l'équilibre biochimique dans la matière au compostage .En effet, la température est une mesure indirecte de l'activité microbienne .Elle reflète le régime des échanges thermiques de la masse en compostage (Ben Rouina et al, 2002).

Godden (1986) pense que les valeurs maximales de température atteintes durant la phase thermophile sont déterminées par les caractéristiques du milieu (nature des matières premières, taille des particules, dimensions et conformation du tas, humidité, aération etc.). La température peut atteindre 70 à 80°C au centre du tas (en particulier dans les tas de composts de fumier de chevalet de broussailles). Ce pendant, des températures supérieures à70°C sont déconseillées car elles peuvent provoquer un dessèchement excessif, une perte de matière trop importante, voire un arrêt du processus (destruction des organismes vivants) et donc une dégradation de la qualité du compost (combustion au lieu de transformation des matières organiques). La production de chaleur par les micro-organismes au cours du compostage est proportionnelle à la masse du tas, alors que les pertes de chaleur dépendent de la surface. L'augmentation de la température est donc d'autant plus élevée que le rapport volume par surface du tas est grand. Pour Mustin (1987), les micro-organismes, contrairement aux animaux homéothermes, ne peuvent pas réguler leur température. Ils restent à la température de leur milieu de croissance. Leur activité métabolique est profondément modifiée lorsque les températures sortent de la gamme optimale de chaque souche. En fonction de la température optimale de croissance, les micro-organismes peuvent être de 5 à 15°C et qui se multiplient avec difficulté à (-5°C). Les mésophiles ont une température optimale comprise entre 30 et 45°C et présentent les germes les plus nombreux de l'environnement.

Les thermophiles, qui sont peu nombreux, ont une température optimale de prolifération qui se situe au delà de 45°C, le plus généralement vers 50 à 60°C et dont la température maximale de croissance peut atteindre les 85°C. La chaleur produite lors de la fermentation renseigne, au même titre que le taux d'oxygène consommé ou le gaz carbonique produit. Toutefois, le suivi de la température représente une mesure indirecte de l'intensité microbienne de dégradation aérobie. Théoriquement, l'évolution de la température peut être présentée par les trois phases suivantes, qui se succèdent dans le temps (Mustin, 1987 et Leclerc, 2001) comme le montre la figure 19.

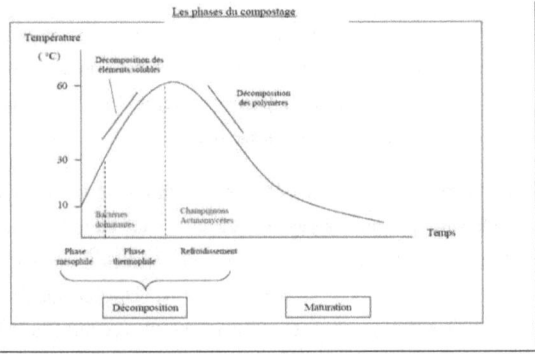

Figure 19 : Courbe de variation de la température au cours des phases du compostage
(Santos, 2002)

2.2.3.3. Humidité

Santos (2002) a montré que l'humidité est nécessaire pour assurer l'activité métabolique des micro-organismes. Le compost devrait avoir une teneur en eau de 40 à 65 %. Si le tas est trop sec, le processus de compostage est plus lent, alors qu'au-dessus de 65 % d'humidité, des conditions anaérobies se rencontrent. En pratique, il est conseillé de commencer le tas avec une teneur en eau de 50 à 60 %, pour atteindre à la fin du processus, une humidité de 30%. L'eau est nécessaire au développement des micro-organismes. Elle sera apportée principalement par les composés azotés (et l'arrosage).

Un manque d'eau va ralentir la décomposition mais un surplus va également ralentir le compostage et peut provoquer un processus anaérobique qui favorisera les mauvaises odeurs .Il faut là aussi faire attention à mélanger des matériaux humides et secs.

L'élévation de la température dans un tas va provoquer un phénomène d'évaporation, il faudra y faire attention et rectifier si nécessaire par un arrosage.

*Le test de la poignée : Santos (2002), vérification de l'humidité sur un compost en formation.
Prenez une poignée de compost dans la main et pressez-la.

⤵   Si quelques gouttes perlent entre les doigts et que le matériau ne se disperse pas quand vous ouvrez la main, le compost à une bonne humidité.

⤵   Si un fin filet d'eau s'en échappe, il est trop mouillé.

⤵   Si rien ne coule et que le paquet se défait, il est trop sec. (Mustin, 1987).

*Le test de la tige métallique : Santos (2002), vérification de l'humidité sur un compost jeune. Après 2 ou 3 jours, enfoncer une tige ou un tuyau en métal dans le compost (jusqu'au cœur si possible). Après 10-15 minutes retirez l'objet :

⤵   S'il est chaud et humide, le compostage se passe bien et à une bonne humidité.

⤵   S'il est froid et humide, il est probablement trop mouillé.

⤵   S'il est chaud et sec, il n'y a probablement pas assez d'eau. (Mustin, 1987).

2.2.3.4. L'aération

Santos (2002) a montré que le compostage aérobie nécessite d'importantes quantités d'oxygène, tout particulièrement lors du stade initial. L'aération est la source d'oxygène, et se trouve être ainsi un facteur indispensable pour le compostage aérobie. Quand l'approvisionnement en oxygène n'est pas suffisant, la croissance des micro-organismes aérobies se trouve limitée, ce qui ralentit la décomposition. De plus, l'aération permet de diminuer l'excès de chaleur et d'éliminer la vapeur d'eau et les autres gaz piégés dans le tas. L'évacuation de la chaleur est particulièrement importante dans les climats chauds, compte tenu des risques plus élevés de surchauffe et d'incendie. Par conséquent, une bonne aération est indispensable pour un compostage efficace. Celle-ci pourra être atteinte si la qualité physique des matériaux (taille des particules et teneur en eau), la taille du tas et la ventilation est contrôlée et si le mélange est fréquemment retourné comme pour nous, l'oxygène est indispensable à la vie des organismes. Une bonne aération engendrera une bonne décomposition des matières organiques (si les autres paramètres sont présents). Par contre, une mauvaise aération déclenchera des processus anaérobiques qui produiront de mauvaises odeurs !

L'aération sera assurée principalement par des matériaux structurant. C'est le second rôle des matières carbonées qui sont plus sèches et plus dures que les matières azotées. La présence de lignine plus dure dans leur composition fait qu'ils gardent une certaine granulométrie, importante surtout en début et du milieu de processus.

En fin de processus, quand les éléments seront déstructurés, les vers de compost se chargeront de l'aération interne .Pour garder une bonne oxygénation, les retournements sont importants. Ils permettront de mélanger les matériaux (pour qu'ils soient tous bien "attaqués") et d'entretenir l'aération (qui diminue à cause du tassement). Le retournement redonne un coup de feu au compost, le processus biologique redémarrera et la température va de nouveau augmenter. Les relevés de température dans un tas l'illustrent bien (Figure 19).Dans un fût, l'aération se fera à l'aide de la tige aératrice.

2.2.3.5. Variation du pH

Mustin et al ont montré que le pH oriente les réactions du compostage en favorisant certaines espèces de micro-organismes .Un pH acide est propice au développement des bactéries et champignons en début de compostage, alors qu'en pH basiques se développent plutôt les actinomycètes et les bactéries alcalines. La plupart des bactéries qui interviennent dans le compostage ont leur optimum des pH compris entre 6 à 7, tandis que les champignons sont plus tolérants à des pH de 5 à 8.5 environ. Au cours du compostage, plusieurs processus sont susceptibles de faire varier le pH de la masse organique .Ainsi, l'acidification peut avoir plusieurs origines. Elle peut résulter de la production d'acides organiques à partir des glucides, des lipides ou d'autres substances, selon la réaction ci-dessous :

$$\text{Substrat organique} \rightarrow \text{R-COOH} \quad \rightarrow \text{R-COO}^- \text{H}^+$$

Ces acides se dissocient en solution aqueuse et peuvent s'accumuler jusqu'à acidifier fortement le substrat. En effet, la production de CO_2 lors de la dégradation aérobie contribue à l'acidification du milieu par sa dissolution dans l'eau ; ce qui génère l'acide carbonique selon la réaction ci-dessous :

$$CO_2 + H_2O \rightarrow H^- + HCO_3^-$$

D'autre part, l'alcalinisation du milieu serait le résultat soit d'une production ammoniacale à partir de la dégradation des amines (protéines, base azotée), soit la libération des bases intégrées auparavant à la matière organique. L'évolution du pH au cours du compostage renseigne sur les différentes phases du processus microbiologique en cours (acidification en phase mésophile par exemple).

Ainsi, la mesure du pH est indispensable au cours du compostage ; elle permet de suivre le processus fermentaire, ou même de l'orienter favorablement en le contrôlant (Mustin ,1987). D'après Godden (1986), Gobat et al. (1998), à la fin du compostage (phase de maturation), le pH s'équilibre vers la neutralité. Pour obtenir un compost neutre, la meilleure façon est d'utiliser une grande variété de matières organiques à composter.

2.2.3.6. Le rapport Carbone/Azote (C/N)

D'une façon générale, un manque d'azote implique un processus de compostage lent, et un excès d'azote ou défaut de carbone entraîne des pertes importantes en azote. Pour les fumiers à composter, l'optimum se situe pour C/N de 25 à 35 (Godden ,1995) .Un rapport C/N trop bas du matériel de départ à composter traduit souvent un rapport litières /déjections trop faible ; ce qui accroît fortement le risque de perte d'azote. Cependant, selon l'ITAB (2001 e), ce n'est pas tant le rapport C/N qui est déterminant pour le déroulement du compostage, que la structure de l'andain. Ainsi, il serait préférable d'amener le carbone sous forme de paille qui a un effet structurant (enchevêtrement des brins, air à l'intérieur des tiges) que sous forme de sciure par exemple qui risque d'empêcher l'air de circuler suite au tassement. Le C/N peut être le même dans les deux cas, mais le facteur limitant serait le manque d'oxygène dans les andains contenant la sciure. De plus, c'est la structure biochimique des molécules considérées qui détermine la vitesse de dégradation. Ainsi, pour un même C/N compris entre 8 et 10, les vitesses de décomposition des substances humiques sont de l'ordre de 2% par an, alors que pour des engrais verts la décomposition est très rapide.

Mustin (1987), rapporte que lors de la phase de fermentation aérobie active, les microorganismes consomment 30 fois plus de carbone que d'azote (les substrats organiques perdent plus rapidement leur carbone métabolisé et dégagé sous forme de gaz carbonique que leur azote métabolisé et/ou perdu sous forme de composés azoté volatils comme l'ammoniac NH_3. En général, le rapport C/N idéal de départ doit être de 30 à 35 ; il va diminuer pour arriver en fin du processus du compostage à se stabiliser vers environ 10 (entre 15 et 8). Les chaînes chimiques carbonées sont utilisées par les organismes comme source énergétique, qui donnera du CO_2 gazeux et de la chaleur. Pour leur croissance (synthèses protéiniques), ils utiliseront les dérives azotées.

2.2.3.7. Les matières azotées (N)

Deloraine *et al*, (2002) ont rapporté que, en général les déchets Verts, Mous et Mouillés, comme les épluchures de fruits, les restes de légumes et tonte de gazon, ils sont facilement digérables, les micro-organismes y trouvent des sucres et protéines en abondance pour se nourrir, se développer et se reproduire. Ils sont suffisamment humides (avec parfois un taux d'humidité supérieur à 80 %). Ils posent de ce fait un problème important : étant donné qu'ils sont sans structure, ils ne laissent pas circuler l'air et n'assurent pas bien l'élimination de l'eau excédentaire. Si on travaille uniquement avec des matières azotées, on risque d'obtenir une substance visqueuse et la formation d'odeur désagréable (processus anaérobiques). Elles seront donc mélangées avec des matières carbonées.

On note qu'il est possible de n'utiliser que des déchets azotés et sans les fâcheuses odeurs grâce au lombri-compostage.

Il faut donc mélanger judicieusement ces deux types de matériaux pour avoir un bon rapport carbone /azote; ce rapport doit être théoriquement entre 20 et 30. Cela ne veut pas dire qu'il faille 20 à 30 fois plus de matières carbonées que de matières azotées. Il faut que la quantité de carbone (C) soit 20 à 30 fois plus importante que la quantité d'azote (N) en fonction de leur composition chimique voir tableau 4 :

Tableau 9 : Rapport C/N de substrat. (Mustin 1987)

Matière	C/N
Ordures ménagères brutes	15 à 25
Boues activées	6
Gazon	10 à 20
Feuille morte	20 à 50
Fanes de pomme de terre	26
Sciures de bois	150 à 511
Algues marines	17
Papiers cartons	120 à 170
Déchets de légumes	11 à 12
Tailles d'arbustes	50 à 100
Pailles des céréales	90 à 120

2.2.4. Normes du compost

La valorisation agronomique des déchets organiques consiste au retour au sol des matières organiques après transformation ou non de ces déchets .La loi française relative au retour au sol définit deux options fondamentales distinctes : la transformation des déchets en matière fertilisante et la conservation du statut des déchets : application du cadre « épandage contrôle ». La loi tunisienne adaptée par ITAB est inspirée de la loi française et internationale. Les principales normes françaises sont : NF U 42-001 Engrais ; NF U 44-001 : Amendement minéraux basiques (calciques ou magnésiens) ; NF U 44051 : Couvre principalement les produits fabriqués à partir de déchets végétaux et animaux et les composts urbains fabriqués à partir d'ordures ménagères et NF U 44-095 : concerne les composts à bases de boues.

Tableau 10 : Contenu de la Norme NF U44-095 (Soudi, 2001)

Eléments	Teneurs limites (Mg/Kg M.S)
As	18
Cd	3
Cr	120
Cu	300
Hg	2
Ni	60
Pb	180
Se	12
Zn	600
pH	Proche de 7
C/N	Entre15 et 8
Germes Recherchés	Valeur limite (germes/g M.B)
Coliformes Totaux	10^5 germes/g M.B
Streptocoq ues Fécaux	10^4 germes/g M.B
Escherichia Coli	10^4 germes/g M.B
Salmonelles	Absence dans 1g de M.B

3. Notion d'enzymologie

3.1. Propriétés générales des enzymes

Toutes les enzymes sont des protéines à part un petit groupe d'ARN catalytique et leur activité catalytique dépend de l'intégrité de la confirmation de la protéine native.

Si une enzyme est dénaturée ou dissociée en issu elle perd son activité catalytique, souvent, par contre si une enzyme est réduite en ses composants d'acides aminés ainsi les structures primaires ou secondaires et tertiaires des protéines sont essentielles à l'activité enzymatique.

Certaines enzymes sont actives par eux-mêmes sans autre groupe fonctionnelle que ceux de leurs résidus en acides aminés, d'autres enzymes nécessitent la présence d'un composé chimique supplémentaire appelé co-facteur qu'il peut être soit un ion inorganique

Mg^{2-}, Ca^{2+},...) ou encore une molécule complexe organique, certaines enzymes nécessitent pour être actives à la fois, un coenzyme et un ou plusieurs ions métalliques.

Le nom de la plupart des enzymes a été formé en ajoutant le suffixe « ase » au nom de leur substrat ou à un mot décrivant leur activité, exemple : l'enzyme responsable de l'hydrolyse de l'urée « uréase ». Un système international de détermination et de classification des enzymes a été adopté, ce système répartit tous ces enzymes en 6 classes. Les réactions non catalysées sont lentes, dans les conditions biologiques normales, les enzymes sont les catalyseurs biologiques qui, permettent à la réaction la multiplication primaire à une vitesse élevée.

Une réaction enzymatique est caractérisée par la facilité d'un produit d'accédé à l'intérieur d'une poche formée par l'enzyme appelée « site actif ». La molécule liée au site actif et sur laquelle l'enzyme va agir est appelé « substrat ».

3.2. Classification, propriétés et localisation des enzymes

La nomenclature officielle comporte 6 classes, elles-mêmes divisées en sous classes. Le numéro de code spécifie :

1 - le type de réaction (classe)

2 - le type de fonction du substrat métabolisé (sous-classe)

3 - le type de l'accepteur

- Le numéro d'ordre (dans la sous-sous-classe).

L'ampleur de cette question est soulignée par leur nomenclature, car ils ne sont pas classés en fonction de la structure chimique, mais les actions spécifiques qu'ils peuvent effectuer. Habituellement, vous ajoutez le suffixe « ase » au nom du substrat qui catalyse la réaction (uréase, amylase, lipase, insulinase) ou le nom du substrat suivie par une action spécifique (glucose-isomérase, le glucose oxydase).

En raison de l'absence de spécificité de la nomenclature, quand vous voulez pour identifier une enzyme qui est nécessaire de préciser la source, car les enzymes qui effectuent la même action sont présentes dans les bactéries, les levures et les champignons, mais ils sont caractérisés par une séquence d'acides aminés différents qui ont donc des propriétés différentes.

Pour cette raison, il ne suffit pas de savoir quelle enzyme est nécessaire pour mener en une réaction, mais nous devons examiner les sources possibles pour trouver quel est l'enzyme qui possède les caractéristiques qui correspondent au processus adéquat.

La grande spécificité de la catalyse enzymatique est liée au rôle biologique des enzymes. Dans le métabolisme des organismes biologiques un élément est nécessaire pour les réactions multiples qui se produisent à un effet synergique. Ce phénomène a été expliqué par des modèles simplifiés qui prennent en compte lors de l'interaction enzyme-substrat la formation d'un complexe dont l'existence a été vérifiée avec des mesures expérimentales. Le substrat se lie à une région spécifique du site actif de l'enzyme, qui a une affinité pour former une complémentarité qui est bien rendu l'image d'une clé et une serrure qui utilise précisément le modèle appelé clé-serrure.

Selon ce modèle, l'efficacité de la réaction est révélée par la capacité de l'enzyme de reconnaître le substrat.

Cela a été expliqué par des effets qui se produisent lors de l'interaction enzyme-substrat:

- **L'effet de proximité,** en raison de la capacité de retenir l'enzyme substrat favorisant le contact intime avec le site actif;

- **L'effet de l'orientation**, en raison de la capacité de l'enzyme pour orienter le substrat dans le site actif pour obtenir la juxtaposition parfaite entre les parties;

L'effet de l'ajustement le substrat induit l'enzyme qui a échoué à cause de sa flexibilité et à l'adaptation à la forme du substrat, appelé (modèle de gant à la main).

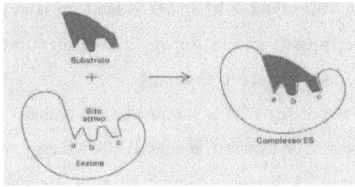

Figure 20: Modèle de verrou de sécurité

53

Nous devons, toutefois, préciser que l'efficacité de l'activité catalytique est limitée à une gamme de conditions d'exploitation.

L'activité d'exposition catalyseurs classiques croissante monotone avec la température de gamme 'qui va de la température minimale à laquelle l'enzyme est active à des températures sur la résistance des matériaux.

En revanche, l'activité des catalyseurs biologiques a une tendance presque parabolique, présentant un maximum pour des températures comprises entre 30 et 50 ° C.

Il semble que c'est la tendance du pH par rapport au maximum qui est proche du neutralité.

Ce problème peut être expliqué par la relation entre le rôle biologique de l'enzyme et l'exécution in vivo dans des conditions d'exploitation légère par rapport aux conditions de la température, pression et pH et au cours de laquelle les réacteurs industriels fonctionnent habituellement.

Avec le temps et l'empoisonnement, tous les catalyseurs sont soumis à la perte de l'activité catalytique, les phénomènes de miroir, qui vont sous le nom de dénaturation des enzymes lieu, mais dans ce cas a lieu plus facilement et plus fréquemment.

Si on varie les conditions naturelles dans lesquelles l'enzyme fonctionne in vivo, on aura la perte de l'activité catalytique de manière réversible.

Pour cette raison, le contrôle du pH et la température sont des facteurs importants dans les réacteurs enzymatiques.

Ils sont aussi très sensibles à la présence d'ions et d'autres impuretés présentes dans le mélange réactionnel, qui devraient bloquer les sites actifs de l'enzyme en empêchant l'activité catalytique.

3.3. Principaux enzymes des dattes

Les enzymes jouent un rôle important lors de la formation et la maturation du fruit. La qualité des dattes dépend essentiellement de leurs activités. On peut trouver les enzymes suivantes :

- **Invertase**

C'est l'enzyme qui a été la plus étudiée vue son action d'hydrolyse du saccharose en fructose et glucose en entraînant une inversion du pouvoir rotatoire de la solution.

Cette action est très rapide à température élevée, elle contribue à la formation d'une texture sirupeuse ou une cristallisation intense des sucres en surface, ce qui n'est pas recherché pour une présentation des dattes au consommateur (Akidi et Ahmed, 1985).

Au cours de la maturation des dattes, l'accumulation des sucres réducteurs est rapportée à l'accroissement de l'activité de l'invertase (Munier, 1965).

- **Polyphenoloxydase**

Cette enzyme est détectée sous forme de trace dans les dattes avant le stade de maturation, son activité reste basse jusqu'au stade Tmar où l'activité atteindra son maximum. L'accroissement de l'activité de polyphenoloxydase se produit juste avant la phase où les dattes deviennent molles, ce qui explique le rôle que joue cet enzyme dans le contrôle de la texture des dattes (Akidi et Ahmed, 1985).

3.4. L'invertase ou β-fructofuranose fructohydrolase

3.4.1. Définition :

C'est l'enzyme qui a été la plus étudiée vue son action d'hydrolyse du saccharose en fructose et glucose en entraînant une inversion du pouvoir rotatoire de la solution.

Á l'échelle économique leur présence dans de nombreuses levures permet de transformer chaque année environ 10 million de tonnes de mélasse.

On retrouve l'invertase dans la plupart des levures de bière, de boulangerie, de distillerie.

3.4.2. Propriétés et localisation

Depuis longtemps les processus utilisant la catalyse enzymatique ont eu de plus en plus un intérêt important.

La découverte de nombreuses réactions avec un degré élevé de spécificité qui se produisent en permanence dans les organismes biologiques.

Buchner en 1897 quand il a utilisé pour la première fois les enzymes des cellules, il a été adopté par la simple observation de l'efficacité de la catalyse enzymatique par une évaluation in vivo de la possibilité de profiter des avantages in vitro. Depuis 1926, Sumner a pu pour la première fois isoler l'enzyme spécifique. Á ce jour, environ 2.500 espèces ont été isolées des enzymes et les recherches en cours dans ce domaine (Bailey J.E et al., 1986).

En parallèle l'aspect cognitif de biocatalyseurs a augmenté le développement industriel, la fermentation, à savoir les industries utilisant l'activité vitale des cellules produisent des produits chimiques utiles. Les procédés de ce type ont été, cependant, déjà dans l'antiquité, les processus sont un exemple de la fabrication du vin et le cidre, la fermentation du pain, la coagulation du lait dans la production de fromage (Mariani, 1983)

3.4.3. Utilisation industrielle

Aujourd'hui, la fermentation est un processus sous-jacent à la production de produits chimiques avec les produits à forte valeur ajoutée tels que l'industrie pharmaceutique et cosmétique.

Notez qu'il existe une différence significative entre la catalyse enzymatique et des procédés de fermentation, parce que, bien que les deux procédés utilisent l'activité catalytique des enzymes dans le premier cas, le catalyseur est une protéine extraite de cellules dans ce dernier cas, le catalyseur est une cellule, puis un organisme vivant.

Parfois, des procédés biotechnologiques permettant de produire des produits qui ne peuvent être obtenus par voie chimique, parfois il y a la possibilité d'utiliser soit un processus chimique de la biotechnologie, mais la première possibilité implique un plus grand nombre d'étapes de réaction. Cependant, les processus souvent biotechnologiques sont trop compliqués et coûteux.

Les principaux facteurs qui sont évalués dans les études de faisabilité et d'optimisation économique sont le coût élevé de l'enzyme, la perte progressive de l'activité au cours de la réaction et au cours de l'étape de séparation et la complexité de l'équipement. Ceci pourrait limiter le développement de procédés basés sur la catalyse enzymatique.

La sucrerie fait appel généralement à une hydrolyse enzymatique (l'invertase EC 3.2.1.26) pour la préparation de sucre liquide. Industriellement, les invertases sont extraites à partir de levures : Saccharomyces cerevisiae ou Saccharomyces carlsbergensis. Cette enzyme existe sous forme endo ou exo cellulaire, on peut donc l'utiliser sous forme de cellules séchées, de concentré liquide ou sous forme immobilisé. Généralement, on utilise l'invertase à pH 4.5 et 55 °C, sur un sirop de 60 Brix qu'on l'acidifie par l'acide citrique ou lactique.

Au cours de l'hydrolyse du saccharose en milieu concentré, il pourrait avoir des composés indésirables tels que : β-D-Fructosyl -2-6-D-Glucose, β-D-Fructosyl -2-1-D-Fructose… qui affectent généralement le pouvoir édulcorant et de la fermentescibilité du sirop inverti.

Sur le plan pratique, on distingue deux types de sirop inverti :

✓ **L'inverti moyen** qui renferme 50% de saccharose, 26% de glucose et 25% de fructose.

✓ **L'inverti total** qui renferme 50% de glucose et 50% de fructose (Neubreg et *al,.* 1946)

On note trois principaux avantages de l'hydrolyse partielle ou totale de saccharose :

✓ Hygroscopicité plus élevée

✓ Activité de l'eau plus basse

✓ pouvoir sucrant passant de 1 à 1.1

Ces avantages sont très recherchés surtout dans les domaines suivants : confiserie, pâtisserie, gommes…

3.5. Hydrolyse enzymatique

3.5.1. La production de sucre inverti par hydrolyse du saccharose par l'invertase

Le marché mondial de solutions de sucre concentrées est en pleine expansion d'où l'apparition de sirop de fructose et de glucose généralement préparés par voie enzymatique. Ces sirops invertis présentent un avantage par rapport au sirop de saccharose qui se caractérise par le phénomène de cristallisation.

L'hydrolyse de saccharose permet d'obtenir un sirop contenant environ 50 % de fructose. Cette réaction peut se faire par voie chimique acide, soit par voie enzymatique à l'aide de l'invertase.

3.5.2. Généralité sur la catalyse enzymatique

Dans la littérature il y a peu d'études cinétiques complètes. Il est assez fréquent de trouver la détermination des paramètres cinétiques à une température spécifique ou des informations sur des aspects spécifiques de la cinétique de la réaction. En particulier, il ya eu des études sur la différence entre l'enzyme invertase immobilisé autochtone et de faire varier dans des conditions différentes: température, pH, concentration de substrat (Bergamasco et al., 2000). Il a également été abordé dans la stabilité thermique et énergétique de désactivation pour les indigènes et enzyme immobilisée (Bergamasco et al., 2000).

Des recherches bien sûr également disponibles sur la dénaturation de l'enzyme de Saccharomyces cerevisiae à différentes températures et pressions (Cavaille et al., 1995). La seule étude qui a examiné cet aspect de la cinétique d'expression a été faite par le groupe de J. Vasquez-Bahena au Mexique.

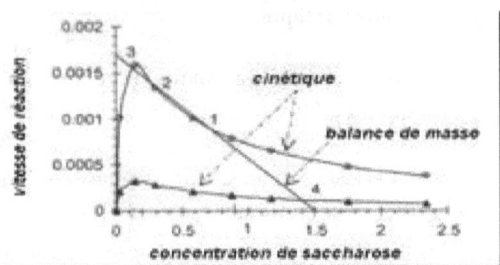

Figure 21: Représentation graphique de l'équation de bilan de masse et la courbe de cinétique en fonction de la concentration de saccharose (Vàsquez-Bahena et *al.*, 2004).

Les courbes cinétiques ont été faites avec différentes concentrations d'enzyme, toutefois, vous remarquerez peut-être une correspondance du maximum par la concentration de saccharose et ensuite une inhibition de l'action. L'intersection avec la ligne balance de masse permet d'identifier les points hypothétiques de l'état d'équilibre (Vàsquez-Bahena et *al.*, 2004).

3.6. Cinétique enzymatique

3.6.1. Etude cinétique d'une réaction chimique

La réaction doit être étudiée du point de vue cinétique. C'est une réaction enzymatique, qui requiert une considération sur la cinétique de réactions catalysées par des enzymes.

En général, pour promouvoir une vitesse maximale de réaction il est logique d'utiliser une forte concentration de substrat.

Toutefois, dans certains systèmes de réaction il peut avoir des concentrations élevées de substrat la vitesse initiale de réaction commence à diminuer, en raison de l'action par inhibition de substrat.

Le modèle cinétique peut donc être affiché:

$$E + S \underset{K_{-1}}{\overset{K_1}{\rightleftarrows}} ES \overset{K_2}{\longrightarrow} E + P$$

$$ES + S \underset{K_{-I}}{\overset{K_{+I}}{\rightleftarrows}} SES$$

Le substrat en excès S réagit avec le complexe activé ES, SES, formant un complexe qui participe à la formation du produit P. Cette réaction est caractérisée par inhibition par excès de substrat. La constante de dissociation de ce complexe double:

$$K_i = \frac{[ES][S]}{[SES]} \qquad (1)$$

Où $[SES] = \frac{[ES][S]}{K_i}$ (2)

La concentration totale d'enzyme sera distribuée par les trois espèces:

$$E_0 = [E] + [ES] + [SES] \quad (3)$$

En substituant (2) dans (3) donne:

$$E_0 = [E] + [ES] + \frac{[ES][S]}{K_i}$$

Mettant en facteur:

$$E_0 = [E] + [ES]\left(1 + \frac{[S]}{K_i}\right) \quad (4)$$

Notez que

$$E = \frac{[ES]}{[S]} K_m$$

En substituant dans (4):

$$E_0 = \frac{[ES]}{[S]} K_m + [ES]\left(1 + \frac{[S]}{K_i}\right)$$

Soulignant [ES]:

$$E_0 = [ES]\left(\frac{K_m}{[S]} + 1 + \frac{[S]}{K_i}\right)$$

On explicite en termes de [ES]:

$$[ES] = \frac{E_0}{\left(\frac{K_m}{[S]}+1+\frac{[S]}{K_I}\right)} \quad (5)$$

Donc la vitesse de réaction est égale à

$$v = \frac{d[P]}{dt} = k_2[ES] \; oubien \, [ES] = \frac{v}{k_2}$$

En substituant dans (5) cette dernière expression est obtenue:

$$v = \frac{E_0 k_2}{\left(\frac{K_m}{[S]}+1+\frac{[S]}{K_I}\right)}$$

Alors on peut réécrire: $\qquad v = \dfrac{E_0 k_2 [S]}{K_m+[S]\left(1+\frac{[S]}{K_I}\right)}$

$$\text{Sachant que } V_{max} = k_2 * Eo$$

Où:

•k_2 est la constante cinétique de la réaction conduisant à la formation du produit à partir du complexe enzyme-substrat, est révélatrice de la rapidité avec laquelle les événements se produisent à la surface catalytique de l'enzyme;

• k_m est la constante de Michaelis et a des significations différentes selon le mécanisme de la réaction qui suit l'hypothèse de l'état d'équilibre ou quasi-équilibre rapide et égaux;

$$K_m = \frac{k_{-1} + k_2}{k_1}$$

•E_0 est la concentration initiale de l'enzyme;

• [S] est la concentration du substrat;

• k_i est la constante d'inhibition (enzyme affinité - inhibiteur) et est équivalent à.

$$K_I = \frac{k_{-I}}{k_{+I}}$$

Souvent, le terme $E_0 k_2$ n'est indiqué, avec les mots au maximum une seule vitesse V_{max}, car la vitesse de réaction maximale peut être obtenue avec une certaine quantité d'enzyme indépendamment de la concentration substrat (Bailey J.E et *al.*, 1986). Manque d'un modèle cinétique complet décrivant la dépendance de la vitesse de réaction en se concentrant sur une gamme en mesure d'exploiter pleinement le potentiel de cette réaction.

Pour cette raison, nous souhaitons mener une étude expérimentale sur la cinétique de la réaction d'hydrolyse du saccharose en présence de l'enzyme invertase, qui permet de déterminer l'expression cinétique de cette réaction et de vérifier l'applicabilité du modèle décrit ci-dessus.

L'étude conduit à la détermination des conditions optimales pour l'hydrolyse du saccharose par l'invertase et la détermination de la valeur de l'inhibition de la réaction. L'étude cinétique consiste donc à déterminer le modèle cinétique en effectuant des tests à température constante et à concentration variable, ce qui permet de déterminer la forme de l'équation cinétique et des valeurs K_m, $k_2 e k_i$ appropriées à une température donnée.

- Trouver l'expression cinétique de cette réaction vous permettra également de profiter d'un des réacteurs domaine des statistiques, mais l'utilisation des caractéristiques idéales pour les réacteurs considérés.

3.6.2. Objectifs de l'étude cinétique

3.7. Les réacteurs idéaux

3.7.1. Réacteur discontinu idéal (en Batch)

Le réacteur est simple, il nécessite peu de matériel et d'accessoires, il est donc idéal pour les études expérimentales de la cinétique à petite échelle.

Industriellement, il est utilisé lorsque la quantité de matériau à traiter est très faible. Les réactifs sont initialement chargés dans un conteneur, où ils sont bien mélangés et laisser réagir pendant une certaine période de temps, le mélange obtenu est ensuite déchargé.

Il s'agit d'une opération sous la variable, dans les quels la composition change avec le temps, mais à chaque instant, chaque point dans la composition du réacteur est uniforme.

Nous réalisons le bilan de masse pour une composante S, nous choisissons généralement le composant de limitation.

Dans un réacteur discontinu (figure 22) parce que la composition est uniforme à tout instant du temps, nous pouvons mettre en œuvre le budget pour l'ensemble du réacteur.

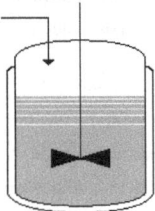

Figure 22: Exemple de réacteur discontinu idéal

$$(vitesse\ d'entrée\ ) = (vitesse\ de\ sortie\ ) + (vitesse\ de\ disparution$$
$$+\ vitesse\ d'accumulation$$

Nous constatons que lors de la réaction il n'y a pas d'entrée ou de sortie du fluide et donc

Rédigé pour la composante S devient:

quantité entrante = quantité sortante + quantité transformée + quantité accumulée
    0   0

nous aurons alors le montant de S convertis à la réaction, moles / heure est égale à

$$= (-r_S)V = \frac{vitesse\ disparution\ S}{(temps\ )(volume\ de\ fluide}\ (volume\ de\ fluide)\quad (1)$$

Et le montant de S accumulés moles / heure

$$= \frac{dN_S}{dt} = \frac{d[N_{So}(1-x_S)]}{dt} = -N_{So}\frac{dx_S}{dt}$$

En substituant dans (1):

$$(-r_S)V = N_{So} \frac{dx_S}{dt}$$

C'est pourquoi l'intégration donne:

$$t = N_{So} \int_0^{x_S} \frac{dx_S}{(-r_S)V}$$

L'expression indique le temps nécessaire pour atteindre une conversion donnée pour les processus isotherme n'est pas isotherme.

Cette équation peut être simplifiée si la vitesse du fluide reste constante, devenant:

$$t = S_o \int_0^{x_S} \frac{dx_S}{(-r_S)} \qquad (2)$$

La réaction d'hydrolyse du saccharose par l'invertase est une réaction sensible à l'inhibition par le substrat. Par conséquent, la vitesse de réaction est exprimée en:

$$-r_S = \frac{V_{max} S}{K_M + S\left(1 + \frac{S}{K_i}\right)}$$

En substituant dans (2):

$$t = S_0 \int_0^{x_S} \frac{dx_S}{\left(-\dfrac{V_{max} S}{K_M + S\left(1 + \frac{S}{K_i}\right)}\right)}$$

Connu et le remplacement et l'intégration de ce qui est de l'expression suivante:

$$t = -\left(ln\left(\frac{S}{S_0}\right)\frac{K_M}{V_{max}} + \frac{(S-S_0)}{V_{max}} + \frac{1}{2}\frac{(S^2 - S_0^2)}{K_i V_{max}}\right)$$

3.7.2. Réacteur à écoulement piston (PFR)

Comme pour les autres types de réacteurs, le réacteur est idéal pour les fixes en continu des fins industrielles lorsque vous devez traiter de grandes quantités de matière et lorsque la réaction est modérément ou très élevée.

Le premier des deux réacteurs en continu idéal d'équilibre sous lui en tant que plug réacteur à écoulement.

Elle est caractérisée par le fait que le fluide qui traverse le réacteur est conçu de sorte qu'aucun élément de fluide est superposé ou mélangé avec un autre élément dedans ou dehors.

Dans la pratique, dans un réacteur à écoulement piston peut être latérale de mélange de liquide, mais il ne faut pas mélanger ou de diffusion dans la direction du mouvement (figure 23).

Figure 23 : Exemple de réacteur à écoulement piston (PFR)

L'écoulement piston nécessite que le temps dans le réacteur est le même pour tous les éléments de fluide. Dans un réacteur à écoulement piston, la composition du fluide varie de point en point le long d'une conduite d'écoulement, par conséquent, le bilan de masse pour un composant participant à la réaction doit être lié à un volume infinitésimal dV. Donc, pour le réactif S (1) devient:

Quantité entrante = quantité sortante + quantité transformée + quantité accumulée   (3)

0

DV pour le volume, nous avons:

moles montant des entrants S, / un temps égal à F_S quantité sortant de S, mol / temps égal à F_S + dF_S montant de S qui disparaît par réaction, les taupes et l'heure est égale à

$$= (-r_S)dV = \frac{vitesse\ de\ disparution\ de\ S}{(temps)(volume\ de\ fluide\ )}\ (volume\ d'alimentation)$$

Insertion tout (3):

$$F_S = (F_S + dF_S) + (-r_S)V$$

Notez que:

$$dF_S = d[F_{So}(1 - x_S)] = -F_{So}dx_S$$

La substitution donne:
$$F_{So}dx_S = (-r_S)dV$$

C'est l'équation du bilan de S dans une section infinitésimale de dV volume du réacteur, pour l'ensemble de réacteur doit être intégrée.

Puissance de S est constante, mais il est certainement dépendant de la concentration ou de conversion. En séparant les variables, elle donne:

$$\int_0^V \frac{dV}{F_{So}} = \int_0^{x_S f} \frac{dx_S}{-r_S}$$

Donc
$$\frac{V}{F_{So}} = \frac{\tau}{S_0} = \int_0^{x_S f} \frac{dx_S}{-r_S}$$

Ou bien
$$\tau = S_0 \int_0^{x_S f} \frac{dx_S}{-r_S}$$

En substituant l'expression de l'équation de vitesse de réaction est obtenue par la conception

$$\tau = S_0 \int_0^{x_S f} \frac{dx_S}{\dfrac{V_{max} S}{K_M + S\left(1 + \dfrac{S}{K_i}\right)}}$$

En intégrant l'expression obtenue en remplaçant S et I = (1-XS):

$$\tau = S_0 \left(-\frac{K_M}{V_{max} S_0} ln(1 - x_S) + \frac{x_S}{V_{max}} + \frac{S_0 x_S}{V_{max} K_i} - \frac{1}{2}\frac{S_0 x_S^2}{V_{max} K_i}\right)$$

3.7.3. Réacteur continu idéal (CSTR)

Ce type de réacteur est appelé réacteur en continu idéal ou réacteur idéal de mélange, avec le symbole CSTR (Figure 24).

66

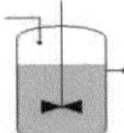

Figure 24 : Exemple de réacteur CSTR

Les équations de conception du réacteur sont obtenues par mélange (1) faire le budget pour un élément donné dans un élément de volume du système. Mais puisque la composition est uniforme dans tout le réacteur, le solde peut être rapporté à la totalité du conteneur. En ce qui concerne la composante (1) devient S:

Quantité entrante = quantité sortante + quantité transformée + quantité accumulée (4)

0

Considérant l'ensemble du réacteur, nous avons:

moles montant des entrants S, / un temps égal à $F_{S0}(1 - x_{S0}) = F_{S0}$

quantité sortant de S, mol / temps égal à $F_S = F_{S0}(1 - x_S)$

montant de S qui disparaît par réaction, moles / heure actuelle est égale à

$$= (-r_S)V = \left(\frac{vitesse\ de\ disparution\ S}{(tempèrature)(volume\ de\ liquide)}\right)(volume\ de\ reacteur)$$

En substituant dans (4)

$F_{S0}x_S = (-r_S)V$

Que des mesures devient une

$\frac{V}{F_{So}} = \frac{\tau}{S_0} = \frac{x_S}{-r_S}$

En substituant l'expression de la vitesse de réaction:

$$\frac{V}{F_{So}} = \frac{\tau}{S_0} = \frac{x_S}{\frac{V_{max}\, S}{K_M + S\left(1 + \frac{S}{K_i}\right)}}$$

Expliciter dans la fonction devient:

$$\tau = \frac{S_0 x_S}{\frac{V_{max}\, S}{K_M + S\left(1 + \frac{S}{K_i}\right)}}$$

On sait que S = (1- x_s) alors :

$$\tau = \frac{S_0 x_S}{\frac{V_{max}\, S_0(1-x_s)}{K_M + S_0(1-x_s)\left(1 + \frac{S_0(1-x_s)}{K_i}\right)}}$$

Chapitre 2 :
Caractérisation morphologique, physicochimique et microbiologique des dattes étudiées

1. Introduction

En Tunisie, les oasis sont connues par leur diversité variétale. D'après les prospections qui ont été effectuées par (Reynes *et al.*,1994 ; Rhouma,1994, Ferchichi *et* Hamza, 2008; I.P.G.R.I., 2003), on distingue plus de 250 cultivars de dattier qui ont été répertoriés et distingués sur la base de diverses caractéristiques morphologiques et agronomiques. Le mode de culture adopté par le fallah oasie na favorisé une tendance vers la culture monovariétale, exposant ainsi, le patrimoine génétique du palmier au danger d'extinction (Rhouma, 1994). C'est pourquoi il est pertinent d'accorder plus d'intérêt à d'autres variétés marginalisés (Besr Hallow et allig) autre que Deglet Nour.

Notre étude s'intéresse beaucoup aux facteurs quantité/prix vue l'orientation des dattes à étudier vers l'industrie de transformation agroalimentaire. De plus, L'accroissement de la production nationale et les critères de sélection au niveau des stations de conditionnement de dattes sont de plus en plus exigeants et par conséquent, un grand tonnage de dattes déclassées apparut comme sous produits de dattes Deglet Nour (Sghairoun, 2008).

2. Matériel et méthodes

2.1. Prospection, choix des dattes à étudier (Besr halow, Allig et écarts de triages de Deglet Nour)

La prospection a été répartie en deux catégories, la première qui s'intéresse aux variétés Besr hellow et Allig a été réalisée au niveau des trois différentes oasis (kébili, Tozeur et Tamagza).La deuxième prospection a été réalisée au niveau de principales stations de conditionnement des dattes au niveau de trois gouvernorats (Nabeul, Kébili et Tozeur).

2.1.1. Prospection et collecte des dattes au niveau des oasis (Besr Hallow, Allig et sous produits Deglet Nour).

Ce travail a été effectué au niveau de trois oasis continentales « Kébili, Tozeur et Tamagza» (Figure 25). Le choix a été basé sur la variation de l'étage bioclimatique et le facteur édaphique tout en maintenant les mêmes cultivars étudiés (Besr hallow, Allig et

Deglet Nour). Les échantillons collectés au stade « tamar » entre octobre et novembre 2008 sont stockés à 4 ° C pour des futures analyses.

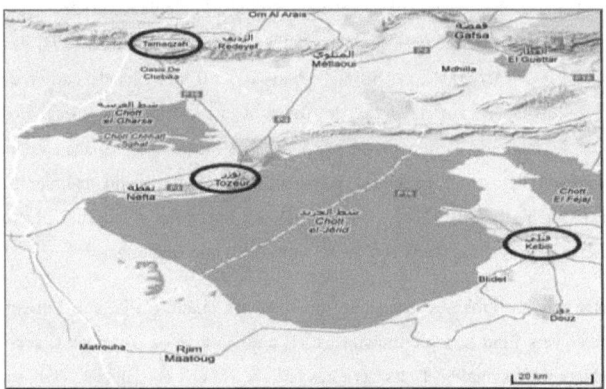

Figure 25 : Carte de localisation des oasis étudiées

2.1.2. Prospection au niveau des principales stations de conditionnement de dattes en Tunisie

La production en dattes secondaires ou écarts de triages de la campagne 2005-2006, dans le cas de la variété Deglet Nour, a été étudiée au niveau des stations de traitement de dattes les plus répandues à l'échelle nationale. Ceci a été réalisé dans trois gouvernorats : Kébili, Tozeur au Sud Ouest et Nabeul au Cap Bon (Figure 26).

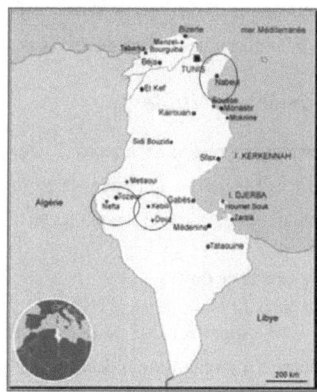

Figure 26: Carte de localisation des stations de conditionnements de dattes étudiés

Le Tableau 11 représente la répartition géographique de chaque station de traitement de dattes visitée lors de la prospection sur terrain.

Tableau 11: Les principales stations de traitements de dattes prospectées

Gouvernorat	Station de traitement
Nabeul	VACPA
Kébili	SOBADAT
Tozeur	Horchani Dattes
Nabeul	Slim Fruits
Kébili	Sociétés KABI
Tozeur	Marzougui
Kébili	Sociétés Bel Hassen
Nabeul	Profruits

Un questionnaire (annexe 1) a permis l'estimation des quantités et de la qualité des dattes écartés au niveau des stations de traitement de dattes et au niveau de stations de sous traitantes. L'enquête nous permet d'explorer le domaine de l'industrialisation de dattes qui mérite d'être modernisé pour que nous exploitions mieux ce fruit.

2.1.2.1. Paramètres d'étude

Partant du questionnaire réalisé on a réussi à dégager des paramètres qui sont : les types de dattes issus du triage, capacité de traitement en tonnes, nombre de jours de travail, pourcentage des écarts (branches et vracs) et l'exploitation des écarts.

• **Disponibilité des écarts de dattes**

Ce paramètre a été estimé à partir de données enregistrées au niveau de chaque station et on a pu extrapoler la disponibilité des écarts de triage totale en Tunisie.

• **Qualité des écarts de triages des stations prospectées**

Un triage visuel est effectué au niveau de laboratoire classant les dattes ou écarts bruts en 4 classes :

Classe a : sèche

Classe b : grasse

Classe c : demi-sèche

Classe d : déchet

La masse et le pourcentage des dattes de chaque classe ont été déterminés puis stockés à 4°C.

2.2. Echantillonnage et identification des échantillons de dattes

2.2.1. Echantillonnage

Un échantillon de 2 Kg a été collecté au niveau de chaque station visitée (8 stations au total) et des oasis (27parcelles). L'échantillon est un mélange de dattes collectées d'une façon aléatoire au niveau des différents stocks de la station et de l'oasis.

2.2.2. Identifications morphologiques des échantillons prospectées

Dans le cadre de l'exploration de terrain et la collecte des cultivars recherchés, on a recours à une enquête prospective qui nous a permis d'identifier et caractériser nos échantillons. La connaissance des différentes caractéristiques intra et extrinsèques facilite beaucoup le futur approfondissement de notre recherche appliquée en particulier la filière transformation industrielle des dattes (Annexe 1). Notre méthodologie d'identification morpho-pomologique des échantillons étudiés a bien respecté les normes de descripteur de l'I.P.I.G.R.I (2005). Les facteurs morphologiques qui dépendent nécessairement des facteurs climatiques, édaphiques et agronomiques influencent directement la valeur nutritionnelle des fruits et la qualité du jus correspondant.

2.3. Analyses physico-chimiques des dattes

2.3.1. Réactifs chimiques

Les réactifs utilisés lors de notre analyse sont de grade analytique. L'acétonitrile, le méthanol et l'hexane sont obtenus à partir de Lab-Scan (LabscanLtd,Dublin,Irlande).Le standard du saccharose, le réactif de Folin-Ciocalteu, l'acide gallique, le carbonate de sodium anhydre et le 1,1-diphényl-2-picrylhy-drazyl (DPPH) sont obtenus à partir de Fluka (Sigma Aldrich, Suisse). Les standards du glucose, fructose ont été achetés chez Carlo Erba (CarloErbaRéactifs, France). L'éthanol absolu est fourni par Riedel-de-Haen(Sigma Aldrich, Allemagne).

2.3.2. Dosage des sucres solubles des dattes

2.3.2.1. Préparation des extraits

Les sucres ont été extraits à partir de 3g du broyat de dattes par 100 ml d'une solution d'éthanol (8v/2véthanol-eau), la solution obtenue est versée dans un ballon puis chauffée par un chauffe ballon électrique à reflux pendant 1h. Cette opération a été répétée 2 fois.

Après avoir été réunis, les extraits obtenus sont évaporés à l'aide d'un évaporateur rotatif sous vide, puis ajustés à 50 ml avec de l'eau ultra pure. Après centrifugation pendant 10 minutes à10000 rpm, l'extrait ainsi constitué est passé à travers un filtre de 0,45µm (Booij*et al*.,1992).

2.3.2.2. Analyses chromatographiques par HPLC

Un volume de 20 µl d'extrait a été injecté dans le système chromatographique. La séparation a été réalisée sur une colonne de nature Eurospher 100ÅNH2, 7µm, de longueur 250 mm 4,6 mm I.D (Knauer, Germany) et de type inverse (silice greffée).

La phase d'élution a été obtenue par l'emploi de l'eau ultra pure et l'acétonitrile (20%-80%) avec un débitde1ml/min. La détection a été effectuée par un réfractomètre (RID etectors K-2301). La quantification a été faite, par comparaison à celles des standards (méthode de l'étalon externe). L'intégrateur est calibré par des solutions standards externes formées de glucose (2%), fructose (2%) et saccharose (1%). La surface des pics est déterminée par le logiciel Eurochrome 2000.

2.3.3. Dosage des Protéines

Dans la glace, un échantillon de 1g de datte de chaque variété est broyé puis découpé. Ensuite, 0,5 ml du broyat est transféré dans un tube Eppendorfde (2 ml) puis homogénéisé dans 0,5 ml de tampon TE (tampon Tris-EDTA (10mMTris,1m MEDTA, pH 7,8)) au quel on ajoute 25 mg de polyvynil polypyrollidone (PVPP). Le mélange est ensuite vortexé puis incubé 15 min sur la glace. L'homogénat est centrifugé à 13000 rpm à 4°C pendant 15 min puis transféré dans un nouveau tube et centrifugé dans les mêmes conditions. Le dosage est réalisé suivant la méthode décrite par Bradford basée sur l'absorption du colorant bleu de Coomassie G250 sur les protéines. À 100 µl d'extrait de protéines sont ajoutés 50µl d'eau distillée et 3ml de réactif de bleu de Coomassie, préparé comme suit:100 mg de poudre de bleu de Coomassie G250 sont dissous dans 50 ml d'éthanol absolu, puis on y ajoute 100ml d'acide orthophosphorique à 85%. Après stabilisation de la couleur pendant 5 min, le dosage est réalisé.

L'intensité de coloration est directement proportionnelle à la quantité de protéines présente dans la solution. L'absorbance est mesurée à 595nmà l'aide d'un spectrophotomètre (Spectro UV-VIS UVD.3000), et une gamme étalon réalisée avec de la BSA (0,1;0,5et1 mg/ml) nous sert de référence.

2.3.4. Détermination des lipides par la Méthode de Soxhlet

Une quantité de 20g de dattes séchées et broyées est placée dans une cartouche en cellulose poreuse qui est introduite dans une chambre d'extraction de Soxhlet (250ml).Celui-ci est raccordé d'une part à un ballon contenant 250 ml d'éther de pétrole, solvant d'extraction. Le solvant est porté à l'ébullition en utilisant un chauffe-ballon. Les vapeurs de solvant sont condensés dans un réfrigérant où l'eau circule en assurant le refroidissement. Lorsque le liquide devient limpide l'extraction est arrêtée. La durée totale de l'extraction est de 8 heures ce qui correspond au moins à 38 cycles d'extraction (Figure 27). L'huile en solution dans l'hexane est filtrée puis récupérée après L'évaporation du solvant sous vide à l'aide d'un évaporateur rotatif. L'évaporation est complétée par séchage dans l'étuve à 60 °C. L'huile exempte de solvant est pesée et le rendement à l'extraction est déterminé par la formule:

$\underline{m \times 100}$

M

m: masse de dattes

M: masse de l'huile

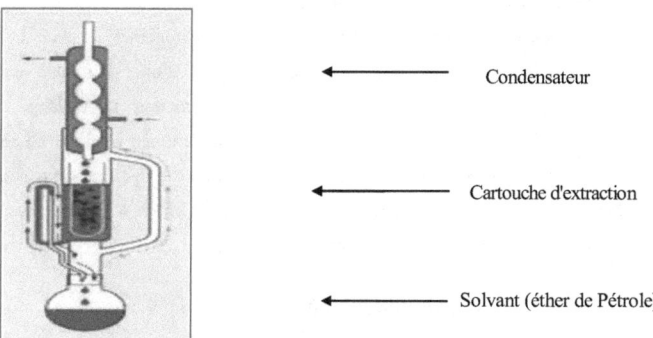

Condensateur

Cartouche d'extraction

Solvant (éther de Pétrole)

Figure 27: Appareil de Soxhlet

2.3.4. Teneur en cendres

1g de chaque échantillon de datte séché par une étuve à 100°C pendant 24h, puis pesé dans un creuset. Ensuite, il est mis dans un four à moufle à 550° C pendant 4h (Al-Showiman, 1990).

La teneur en cendres est déterminée par la formule suivante :

*% cendres = (M_2-M_1)/ (M_0-M_1)*10*

M_0 : masse en grammes du creuset et de prise d'essai

M_1 : masse en grammes du creuset vide

M_2 : masse en grammes du creuset avec cendre

2.3.5. Détermination de la teneur en éléments minéraux

La majorité des éléments minéraux sont dosés par Spectrométrie d'Absorption Atomique.

Les échantillons sont préparés pour analyse comme il était décrit par Al-Showiman (1990). Un gramme de dattes préalablement séché et broyé est incinéré dans un four moufle à 530°C pendant 5h. Les cendres sont dissoutes par 1 ml d'une solution d'acide hydro-chlorhydrique (20%). Ensuite, 10 ml d'eau distillée sont ajoutés. Le mélange est ensuite chauffé au bain-marie bouillant jusqu'à dissolution complète des cendres. La solution est versée dans une fiole jaugée de 100 ml puis ajustée avec de l'eau distillée. Cette solution nous sert à effectuer le dosage des éléments minéraux suivants: Ca, Na, K et Mg présents dans la chair de datte par Spectrométrie d'Absorption Atomique.

2.3.5.1. Teneur en phosphore

La teneur en phosphore est déterminée par la méthode colorimétrique en utilisant le réactif vanadomolybdique et l'absorbance est mesurée à 430 nm à l'aide d'un spectrophotomètre (Secomam1000). La teneur de phosphore (%P), est exprimée par la relation suivante:

%P= (Cp*DF)/ (100*m)

Cp: est la teneur de phosphore, en mg/l, de la partie aliquote diluée déterminée à partir de la courbe d'étalonnage.

DF: est le facteur de dilution de l'extrait qui est le rapport entre le volume total (eau distillée + prise d'essai) et le volume d'extrait utilisé pour effectuer la dilution.

m: est la masse, en g, de la prise d'essai de la matière végétale.

2.3.4. Analyses sensorielles

2.3.4.1. Mesure de couleur

Pour la représentation de la nature tridimensionnelle de la couleur dans le système fondamental des couleurs de JUDD-HUNTER, on a adopté les coordonnées chromatiques conventionnelles L *, a* et b* retenues par la commission internationale de l'éclairage (CIE 1976). L'utilisation de ces coordonnées traduit le mieux simultanée de toutes ses variantes.

La coordonnée chromatique L* représente une mesure de la luminosité dans une plage allant du noir (0) au blanc (100), alors que la coordonnée a* indique les différences entre les tons rouges et verts.

Les valeurs positives de a* signalent la présence de particules rougeâtres. La coordonnée b* décrit les différences entre les tons bleu et jaune est donc un indicateur direct de la coloration étroite avec la quantité de pigments de carotène.

La détermination de ces coordonnées a été réalisée à l'aide d'un chronomètre (Minolta, CR 300) dont la technique est d'usage courant en arboriculture fruitière. L'expression de ces coordonnées se fait sur un cercle contenant 3 axes (a, b, c) appelé cercle de Mensell qui comprend toute une gamme de couleur.

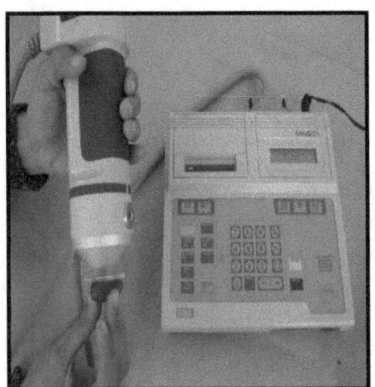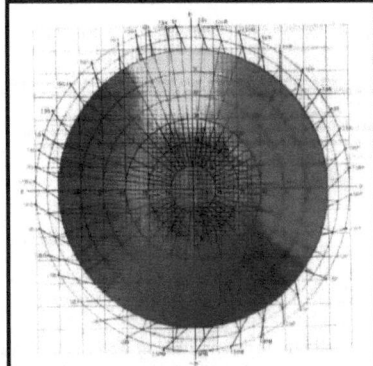

Figure 28: Chronomètre Minolta CR 300 et Cercle de Mensell

2.5. Analyses statistiques

Le traitement statistique est réalisé par le logiciel STATBOX 6.0, les analyses qui ont été étudiées sont la moyenne (m) pour le dépouillement des résultats de l'enquête et l'écart type (σ), le coefficient de variation, Min et Max afin de révéler l'homogénéité des échantillons préparés. Pour déceler la contribution de contenu d'écart des triages dans la qualité du sirop obtenu on a recours à une analyse en composantes principales (ACP). L'analyse de variance à un facteur de classification (ANOVA) est utilisée pour évaluer la signification de diverses variables. La corrélation entre les différentes variables a été évaluée par l'indice du Pearson. La différence statistique a été établie à P < 0,05.

3. Résultats et discussions

3.1. Résultats de prospection de principales stations de conditionnement de dattes en Tunisie

3.1.1. Disponibilité des écarts de dattes

La quantité des écarts de triage ainsi que leur valorisation dans les différentes stations prospectées sont présentées dans le tableau 12

Tableau 12: Evaluation quantitative des écarts de triage de dattes au niveau des stations de conditionnement prospectées dans les gouvernorats de Kébili, Tozeur et Nabeul pendant la compagne 2005-2006

Code de station	Les types de dattes issus du triage	Capacité de traitement en tonnes	Nombre de jours de travail	Pourcentage des écarts (branches et vracs)	L'exploitation des écarts
1- K	Branche, standard, Demi Sèche, Sèche, Déchet	2500	120	15 à 20 %	90 % alimentation des animaux 10 % pâte de dattes
2- T	Branche, standard, Demi Sèche, Sèche, Grasse, Demi grasse, Prématuré, Non pollinisée	5000	90	10 à 15 %	100 % Vente au marché locale
3- K	Branche, standard, Demi Sèche, Sèche, Grasse, Demi grasse, Prématuré, Non pollinisée	1000	300	15 %	70 % alimentation des animaux 10 % pâte de dattes
4- D	Branche, standard, prématuré, Grasse, Déchet	500	60	5 à 7 %	100 % Vente au marché locale
5-N	Branche, standard, Demi Sèche, Sèche, Grasse, Demi grasse, Prématuré, Non pollinisée, Fermenté	8000	320	25 à 30 %	10 % alimentation des animaux 90 % pâte de datte, dattes hachées Dattes conditionnées
6- N	Branche, Standard, Demi Sèche, Sèche, Grasse, Demi grasse, Prématuré, Non pollinisée, Fermenté	10000	320	32 %	10 % alimentation des animaux 90 % pâte de datte, dattes hachées et dattes farcies
7- T	Branche, standard, grasse, Sèche, Déchet	500	60	10 à 15 %	100 % Vente au marché locale
8- N	Branche, standard, Demi Sèche, Sèche, Grasse, Demi grasse, Prématuré, Non pollinisée, Fermenté	2000	300	20 %	70 % Pâte de dattes 25 % vente à l'état 5 % jeter ou brûler
Moyenne	-	3687,5	196,25	24.08 %	-

Les quantités moyennes des écarts de triage aux niveaux des stations prospectées sont d'environ 7105 tonnes, soit un pourcentage moyen de 24.08 %. Si l'on considère la production annuelle de dattes Deglet Nour 69.000 tonnes, l'écart de triage serait de 16560 tonnes.

Ce résultat chevauche avec celui trouvé par Ben ALLAYA en 1995. En effet, cet auteur note que les écarts de triage sont aux alentours de 15% du produit industrialisé.

L'analyse des paramètres du tableau ci-dessus reflète une forte variabilité au niveau de type de dattes issues de l'opération de triage, d'où la variation de nombre de classes qui est généralement entre 5 et 10. En plus, les pourcentages des écarts de triages au niveau des stations sont très variables (5- 32 %). Ceci étant dû à :

✓ la quantité des dattes: plus la quantité des dattes entrant dans les usines est grande plus le contrôle de qualité est faible ;

✓ la performance de l'opération de triage et de désinfection et la demande du marché.

3.1.2. Qualité des écarts de triage dans les stations prospectées

Du point de vue qualité, le tri des dattes diffère d'une station à l'autre. En effet, la présence d'exploitation ultérieure des écarts oblige une classification détaillée des dattes, qui est la suivante : Branche, standard, Demi Sèche, Sèche, Grasse, Demi grasse, Prématuré, Non polonisée, Fermenté. Par contre les stations qui n'ont pas un programme de transformation ultérieure se limitent généralement à la brûlure, l'exportation, vente au marché local et alimentation des animaux.

Les stations prospectées peuvent être réparties en deux catégories :

- des usines qui traitent plusieurs fruits autres que les dattes et disposant d'une activité à longueur d'année. Elles sont installées au Cap Bon et pratiquent la transformation ;

- des usines qui traitent uniquement les dattes. Elles se localisent au Sud-Ouest et ne sont pratiquement fonctionnelles que durant la saison des dattes. Généralement, elles ne font pas de transformation des écarts.

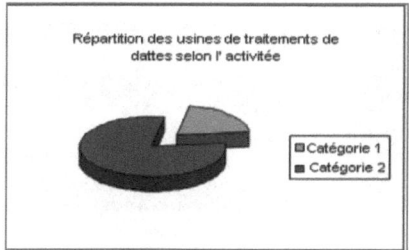

Figure 29 : Les deux principales catégories des usines impliquées dans les traitements des dattes

3.1.3. Modes de valorisation des sous produits de dattes

Lors des visites des stations de conditionnements de dattes, dans le Sud tunisien et le Cap Bon, il est facile de remarquer dès la première vue que le conditionnement et l'emballage pour l'exportation exclusivement vers le marché international forme la principale activité. La transformation technologique de dattes reste moins fréquente. Selon la majorité des industriels, la négligence du domaine de transformation pourrait être due :

✓ aux très faibles tonnages des écarts ;

✓ au manque du paquet technologique ;

✓ aux marchés locaux et internationaux qui semblent pour eux un peu flou.

La majorité des stations prospectées affirment la nécessité de la valorisation des écarts de dattes Deglet Nour et des dattes communes à faible valeur marchande. On a noté au cours de la prospection que la pâte de dattes présente pratiquement l'essentiel produit de transformation à coté de quelques gâteaux tel que les dattes fourrées.

Sur le plan technique, on note aussi qu'il existe un polymorphisme de la nomenclature et l'absence de procédures standardisées décrivant l'opération de tri qui constitue une opération clé dans le processus de traitement de dattes. On a remarqué que le domaine de transformation technologique de dattes n'est pas bien investi à l'exception de la production de pâte de dattes.

Figure 30: L'opération de triage au niveau d'une station prospectée

3.2. Composition des échantillons des écarts de triage dattes Deglet Nour

Un triage est effectué au niveau du laboratoire classant les écarts bruts de dattes en 4 classes (a : sèche, b : grasse, c : demi-sèche, d : déchet). Le poids et le pourcentage de chaque classe ont été déterminés (figure 6).

Tableau 13 : Composition des écarts de dattes (a : sèche, b : grasse, c : démi-sèche, d : déchet)

Composition				
N°	%a	%b	%c	%d
1	21,6	21,7	14,6	41,7
2	18	30,8	16,2	34,2
3	19,3	30,2	20,2	29,9
4	21,8	22,8	19,1	36
5	15,9	35	18,8	30,4
6	15	32	18	34
7	20,3	30,3	14,6	37,2
8	24,1	29,6	15,54	32,33
9	16,87	25,72	23,04	33,97
10	25,96	26,58	12,39	36,65
11	21,65	36,47	15,97	25,55
12	16,24	42,29	21,36	18,67
13	21,49	26,83	21,13	30,31
14	30,45	21,28	14,01	33,91
15	15,79	19,06	23,53	41,9
16	21,56	29,14	14,92	35,01
17	17,46	25,98	20,68	35,95
18	27,98	19,15	17,82	34,96
19	19,02	25,53	17,74	39,36
20	29,39	29,8	13,46	36,34
Ecart type	4,6015	5,871	3,26606713	5,3084

Moyenne	20,993	28,012	17,6545	33,916
Coefficient de variation	21,919	20,959	18,4999129	15,652
MIN	15	19,06	12,39	18,67
MAX	30,45	42,29	23,53	41,9

Il ressort de l'analyse statistique qu'on a vingt échantillons de composition hétérogène d'où la variabilité de nos produits finis et cette épreuve permet de refléter la réalité car les dattes issues de triages ou déchets ne sont pas homogènes comme les classes usuelles ; le branché et le standard. Ainsi, il apparaît d'après la composition des échantillons étudiés que :

- les dattes sèches (a) forment en moyenne 21 %. Cette valeur oscille entre 15-30 %.

- les dattes grasses (b) forment en moyenne 28 %. Cette valeur oscille entre 15-30 %.

- les dattes demi-sèche (c) forment en moyenne 17%. Cette valeur oscille entre 12-23 %.

- Les déchets (d) forment en moyenne 34 %. Cette valeur oscille entre 18-42 %.

Figure 31: Ecarts de triages de dattes

3.3. Caractérisation de dattes étudiées sur la base des descripteurs morphologiques

Le choix sélectif des descripteurs à étudier est en grande relation avec la thématique principale de notre thèse qui est la transformation agroindustrielle des dattes.

L'étude morphologique des trois variétés montre des différences nettes entre les paramètres analysés que ce soit pour le fruit ou pour le noyau.

En effet, les résultats montrent que la variété Allig présente les dimensions les plus importants (48,57 mm de longueur) par rapport aux deux autres variétés Deglet Nour et Besr halow. Ces données sont nettement plus importantes que la principale variété d'Emirat Khalas (36,65 mm) (Ismail et al, 2006). C'est un fruit de forme allongé. Cette datte est de longueur proche de celle de Deglet Nour dont la valeur moyenne de sa longueur est de l'ordre de 43 mm et la valeur de sa largeur est prés de 20 mm (Reynes et al.1994).

Le poids moyen d'une datte fraiche de Deglet Nour est d'ordre 11 g. Ces données sont proches de celui de Bahija et al. (2010) (poids moyen de datte Deglet nour 10 g).

Les résultats montrent aussi que le poids de noyaux de chaque variété présente des critères intéressants. La variété Besr Halow possède le plus important poids de noyau (1,47 g) par contre les deux autres variétés Deglet Nour et Allig sont nettement inférieures (respectivement 0,92 g et 0,82 g). Ces résultats sont très proches des valeurs rapportées par Hamza et al. (2011).

Les rapports entre le poids de fruit et celui de noyau montrent que la variété Besr Halow présente le rapport le plus important (18,89) et les deux autres variétés sont respectivement (8,27 et 8,01). Ces valeurs sont inférieures à celui illustrés par Bahija et al. (2010) qui sont respectivement pour Allig, Deglet Nour et Besr Halow (11,01, 10,84 et 9,91). Ces différences peuvent être dues aux caractères des cultivars ou encore de l'effet de pollinisation (Furr et Ream, 1970).

Enfin, les conditions du milieu, la coexistence des clones génétiquement différentes et les techniques culturales telles les fertilisations et l'irrigation peuvent avoir un effet sur le poids, la longueur et le diamètre de la datte. En général, les palmiers fertilisés et irrigués convenablement donnent des dattes présentant une longueur, un diamètre et un poids de la datte meilleurs que ceux mal entretenus (Munier, 1973).

Autres que les paramètres morphologiques, on dégage des intérêts socio-économiques des deux variétés communes et le sous produits de Deglet Nour (Tableau 14).

En effet, ces dattes sous-utilisées méritent plus de soin pour une meilleure exploitation agro-industrielle pouvant contribuer au développement de secteur du palmier dattier (Chaira, 2010).

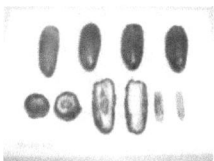

Figure 32 : description morphologique de datte

Tableau 14: Appréciation selon descripteur de L'I.P.G.R.I des variétés étudiées.

Variétés	Appétibilité	Commercialisation	Consommation	Zone de culture principale
Deglet Nour	Moyenne Importante	Importante	Fraîche et conservée	Kébili et Tozeur
Allig	Importante	Moyenne	Fraîche	Kébili et Tozeur
Besr Halow	Faible	Moyenne	Fraîche	Kébili et Tozeur

Tableau 15: Caractéristiques morphologiques selon de variétés étudiées.

organes	Paramètres	Deglet Nour	Besr halow	Allig
Fruit	Longueur (mm)	40,46±0,92	28,89±0,05	48,57±0,07
	Largeur (mm)	18,17±0,54	14,87±0,48	18,12±0,88
	Poids (g)	11,12±0,89	7,78±0,97	10,23±24
Graine ou noyau	Longueur (mm)	24,12±0,12	17,05±0,73	26,03±0,89
	Largeur (mm)	7,45±0,13	7,96±0,82	5,14±
	Poids (g)	0,92±0,28	1,47±088	0,82±0,02
R poids de graine/ poids de fruits		8,27±0,27	18,89±0,78	8,01±0,45

Les résultats sont illustrés en moyenne ±SD (3n).

3.4. Composition biochimique et valeur nutritionnelle des dattes

Le tableau 16 illustre la composition biochimique des dattes étudiées.

Tableau 16: Composition biochimique des trois variétés de dattes étudiées

composants	Sous produits Deglet Nour	Allig	Besr Halow
Matière sèche[a]	82,14	79,26	74,88
pH	5,72	5,93	5,06
Lipides[b]	0,49	0,78	0,74
Protéines[b]	1,98	2,39	1,43
Fructose[b]	9,41	18,71	13,18
Glucose[b]	13,94	24,38	18,54
Saccharose[b]	21,89	-	-
Sucres totaux[b]	45,24	43,09	31,72
Cendres	2,89	1,78	2,14

Les résultats sont illustrés en moyenne (3n).

[a] résultats exprimés en g/100g de Matières Fraiches MF.

[b] résultats exprimés en g/100g de Matières Sèches MS.

3.4.1. Sucres solubles des dattes

Les résultats indiquant les caractéristiques biochimiques des trois variétés étudiées montrent des différences significatives ($p < 0,05$) au niveau de la majorité des paramètres.

La composition essentielle des dattes est des sucres solubles. La méthode d'extraction utilisée dans ce travail ne permet pas de détecter le saccharose quand il existe en traces. En effet, la méthode de préparation des extraits, sous une haute température, peut favoriser l'activation de l'invertase qui est l'enzyme responsable de l'hydrolyse du saccharose en sucres invertis (Chaira et al., 2010). L'analyse par HPLC a montré l'absence du saccharose au niveau de deux variétés communes Besr Halow et Allig. Par contre, les sucres réducteurs sont remarquables dans tous les échantillons (Figure 32). Les teneurs en sucres totaux sont nettement différentes, elles varient de 31,72 chez Besr Halow et 45,24 g/100 g (MS) chez la variété Deglet Nour. Ces résultats sont proches des ceux de Booij et al. (1992), Besbes et al., (2009). Les concentrations les plus faibles saccharoses sont observées chez la variété Allig et besr Halow et les plus fortes sont trouvées chez le cultivar Deglet Nour avec une teneur de 45,25 g/100g (MS). D'où la possibilité d'invertir la quantité de saccharose au niveau des sous produits des dattes variété Deglet Nour.

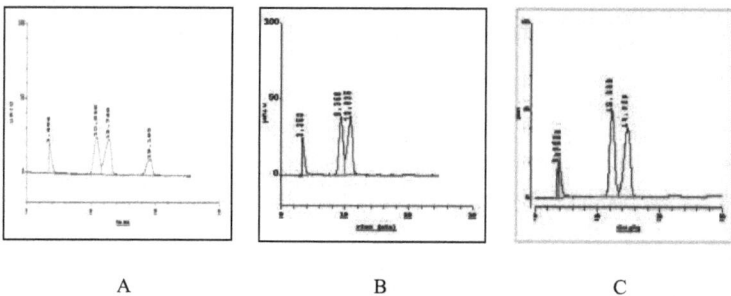

A   B   C

Figure 33: Chromatogramme de sucres solubles de la chair de la variété Deglet Nour(A), Allig (B) et. Besr Halow (C).

La provenance de variétés étudiées (trois oasis différentes) montre une variabilité significative au niveau des paramètres analysés ce qui explique l'effet des conditions géo-climatiques sur la composition biochimique des dattes. La figure 30, montre que la variété Allig présente la diversité la plus importante pour la teneur en sucres solubles.

De plus, plusieurs travaux s'accordent sur le fait que les sucres de datte varient en fonction de la variété considérée, du climat et de stade de maturité (Munier, 1973; Nixon et Carpenter, 1978; Sawaya et al., 1983; Booij et al., 1992). Ahmed et al. (1995) ont montré qu'aux premiers stades de maturité (Kimiri et Khalal), la teneur en sucres totaux varie respectivement de 3,4 à 7,7 g/100 g et de 18,8 à 31,9 g/100 g. En atteignant le stade Rutab, cette teneur varie de 43,9 à 50,1 g/100, alors qu'au stade Tamr, elle peut dépasser 50 g/100 g de la matière fraîche.

Les histogrammes ci-dessous montrent qu'il y a une diversité au sein de la même variété dans une même région ce qui explique le polymorphisme de matériel génétique en mettant en évidence les mutations touchant les caractères phénotypiques de la variété (Hamza, 2011).

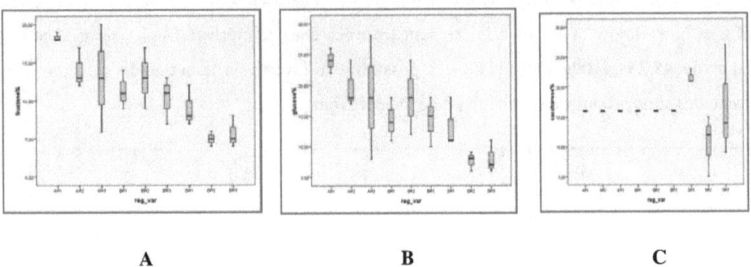

A   B   C

Figure 34: Interaction entre les teneurs en fructose (A) en glucose (B) et en saccharose (C) de trois variétés prospectées dans les trois oasis continentales.

Les histogrammes ci-dessus montrent qu'il y a une diversité au sein de la même variété dans une même région ce qui explique le polymorphisme de matériel génétique en mettant en évidence les mutations touchant les caractères phénotypiques de la variété (Hamza, 2011).

3.4.2. Fraction inorganique

D'après les résultats indiqués sur l'histogramme (Figure 32) on peut conclure que les trois variétés provenant de trois régions de l'oasis continentale tunisienne Besr Halow, Deglet Nour et Allig sont riches en phosphore (respectivement 1,11% ; 1,03% et 0,83%, mais pauvres en sodium (0,02 - 0,03%). Ces résultats corroborent ceux d'Al Hooti et al, (2002).

Les fortes teneurs en potassium (K) (1,67-2,22 %) caractérisent la composition de dattes en général, Les teneurs en potassium et sodium semblent être homogènes entre eux. Ces résultats sont plus importants par rapport à ceux trouvés par Fethi et El-Kohtani (1979), Booij et al. (1992), Reyness et al. (1994), Ahmed et al. (1995) et Al- Hooti et al. (1997) chez d'autres variétés et qui sont respectivement comme suit: 4,028-6,52 %, 4,52-6,64%, 4,37-8,78%, 5,65-9,16% et 6,48-6,50% de la partie comestible. En comparant avec les grenades dont les teneurs en potassium sont respectivement 2,41% et 3,33 %, les dattes constituent une bonne source de potassium comme le précise Nixson et Carpenter (1978).

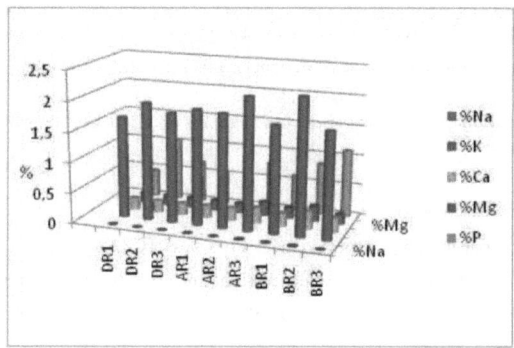

Figure 35: Teneur en certains minéraux de trois variétés prospectées dans les trois oasis continentales.

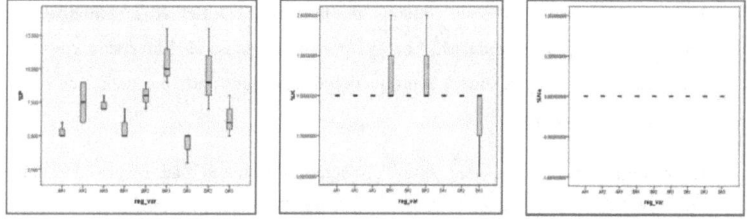

Figure 36 : Interaction entre les teneurs en phosphore (A) en potassium (B) et en sodium (C) de trois variétés prospectées dans les trois oasis continentales

D'après, la figure 35, on constate que les trois variétés sont indépendantes de la provenance pour le sodium (Na). Par contre la teneur en potassium et en phosphore varient selon la région. Ce qui est confirmé par Booij et al, (1992) qui déduisent que les sels minéraux peuvent, quant à eux, contribuer à la caractérisation d'une origine géographique particulière. Les teneurs en potassium et sodium semblent être homogènes entre eux.

4. Conclusion

Ce chapitre consacré à la caractérisation des dattes Besr halow, Allig et les écarts de triages de Deglet Nour) nous a permis de tirer les conclusions suivantes:

- des critères pomologiques acceptables de trois variétés issues de trois différentes oasis continentales (Kébili, Tozeur et Tamagza) ;

- un potentiel fort en potassium et en phosphore observé chez les trois variétés Beser Halow, Deglet Nour et Allig (respectivement 11,10% et 10,32% et 8,31%. La faible teneur en sodium notée chez les différents échantillons ce qui nous permet de déduire le rôle préventif et curatif des dattes dans plusieurs syndromes en relation avec la teneur en Sodium ;

- les teneurs en sucres réducteurs sont importantes dans les variétés Besr Halow et Allig, elles varient de 23,35 chez la variété Deglet Nour à 43,09 g/100 g (MS) chez la variété Allig. Seuls les sous produits de la variété Deglet Nour renferment le saccharose 21,89 g/100g de MS ce qui permet de penser à l'inversion en sucres réducteurs servant par la suite à la production des produits agroalimentaires de hautes valeurs nutritionnelles ;

- les quantités des lipides sont assez respectables trouvées au niveau des dattes étudiées. Elles peuvent atteindre 0,78 mg /100 g (MF) chez la variété Allig ;

- l'interaction entre les variétés et leur provenance montre que la composition biochimique est légèrement influencée par les facteurs géographiques et édaphiques.

Chapitre 3 :

Modélisation enzymatique

1. Introduction

En Tunisie, les dattes destinées à la transformation sont à faibles valeurs marchandes ; elles sont classées en deux catégories; les dattes de l'oasis littorale (~10 mille tonnes) riches en sucres invertis (Chaira et al., 2009a) et les dattes de l'oasis continentale en ajoutant les rebuts de Deglet Nour issus des usines de conditionnement de dattes (~30 mille tonnes) riches en saccharose (Besbes et al.,2009).

Le choix a été porté sur la production du sirop à sucres invertis. En effet, le sirop de fructose et/ou de glucose sont largement utilisés dans les industries alimentaires et pharmaceutiques comme édulcorant et comme produits d'enrobage. Ce sirop inverti présente des propriétés fonctionnelles intéressantes. En comparant avec celui du saccharose, ce sirop est une source immédiate d'énergie, doué d'une forte pression osmotique et d'une grande solubilité et capable de prévenir la cristallisation du sucre dans les produits alimentaires (Kurup et al.,2005; Tomotani et Vitolo, 2006).

D'autre part, les invertases (EC.3.2.1.26) sont des enzymes ubiquistes trouvées dans les plantes supérieures et impliquées dans de nombreux processus physiologiques (Karuppiah et al., 1989; Roitsch et al., 2000) et plusieurs travaux ont décrit les procédés d'utilisation des invertases dans la production des sirops riches en fructose (Amaya-Delgado et al., 2006; Kotwal et Shankar, 2009).

Dans ce chapitre, notre objectif est l'élaboration d'un modèle original de l'inversion de saccharose par invertase commerciale au niveau du jus de datte (rebuts Deglet Nour) apprécié par sa forte teneur en saccharose (Besbes et al.,2009), puis, le choix du meilleur réacteur compatible avec nos conditions spécifiques. Le sirop de dattes inverti servant à plusieurs domaines en particuliers l'industrie agroalimentaire et pharmaceutique (Chaira et al.,2007; Besbes et al., 2009).

2. Matériel et méthodes

L'objectif de la recherche expérimentale est souvent la détermination d'un modèle décrivant un phénomène physique grâce à la corrélation des données expérimentales obtenues au laboratoire. La détermination de l'équation de la cinétique de la réaction d'hydrolyse du saccharose par l'invertase est nécessaire. Dans ce contexte, il est évident d'effectuer des tests de réaction dont la concentration des substrats diffèrent en particulier le jus de dattes issu des écarts de triages de la variété Deglet Nour.

Dans les sections ci-dessous, on décrit les matériaux utilisés et le choix des critères sur lesquels ont été effectués des tests de réaction et le développement de méthodes expérimentales et analytiques, qui constituent le corps du travail effectué en collaboration avec le laboratoire de principes génie chimique de l'Université de la Calabre, Italie.

2. 1. Réactifs chimiques

Tous les réactifs utilisés sont de grade analytique. L'acide acétique, l'acide phosphorique l'acétate de sodium, saccharose, fructose et glucose sont fournis par Sigma-Aldrich, le réactif de Bradford, le glucose et le fructose sont achetés chez Sigma-Aldrich S.A.R.L. (Saint-Quentin Fallavier, France). L'enzyme commercial invertase a été fourni par Novo Nordisk .

2. 2. Méthodes

2.2.1. Préparation du jus au laboratoire : méthode optimisée

Plusieurs méthodes de préparation de sirop sont rencontrées en bibliographie qui sont toutes inspirées de la méthode traditionnelle. La méthode testée dans le présent travail (optimisée) découle de celle de Munier 1973 et Akidi 1985. Elle comporte les étapes suivantes :

*Opération préliminaire : Les dattes destinées à la transformation ont subi un lavage, un séchage et un dénoyautage. Le dénoyautage est effectué à l'aide d'un mixeur électrique (en industrie, cette opération est réalisée par une machine constituée de deux cylindres en acier présentant une surface rude et tournant en sens inverse ce qui permet de libérer le noyau de la chair). Le produit obtenu est un mélange homogène de pulpe/noyau/eau.

* L'extraction du jus de dattes. L'extraction du jus permet l'obtention des substances solubles grossièrement formées des sucres. La proportion de l'eau utilisée est de 3 : 1 (3 v d'eau pour un volume de dattes). Le mélange obtenu est soumis à une macération dans un bain marie à une température de 80 °C pendant 90 min.

* Clarification ou filtration de l'extrait de dattes : Cette opération est une étape clé dans la fabrication de sirop de dattes car elle permet l'élimination des substances pectiques et des protéines responsables de l'aspect gélatineux et de la turbidité de l'extrait. Elle se déroule en deux phases :

Filtration sur tissu : le jus brut est versé doucement sur un tissu et soumis à un pressage. Les mailles du tissu utilisé doivent être fines.

Filtration par centrifugation : Elle permet la filtration et la clarification ultime en soumettant le jus obtenu à une centrifugation sous 6000 tours/min et pendant 25 min.

2.3. Modélisation de cinétique de l'invertase

Dans ce cas particulier, la méthode adoptée permet de déterminer l'équation cinétique à partir des données expérimentales de la concentration en fonction du temps, obtenus dans le réacteur à température constante.

Cette révision utilise la méthode différentielle d'analyse des données cinétiques qui permet de vérifier la validité de l'accord entre les données expérimentales et le modèle suggéré précédemment.

Cette approche est commune à d'autres méthodes d'analyse des données cinétiques, les données expérimentales ne suffisent pas pour obtenir la forme cinétique d'expression, mais tout simplement pour apprécier la validité d'une hypothèse déjà faite.

*L'hypothèse d'un modèle donne la forme:

$$v = -\frac{dS}{dt} = f(S, T)$$

On a préparé une série d'expériences pour obtenir les courbes de concentration en fonction du temps à partir de laquelle l'estimation $\frac{dS}{dt}$ pour les valeurs relatives à la concentration. Toutefois, la mesure de la vitesse instantanée est déterminée au cours du temps de réaction et qui est souvent inexacte, car vous ne pouvez pas être en mesure de contrôler totalement la variation des conditions de réaction. Normalement, vous choisissez une série d'expériences dans la même concentration d'enzyme, mais à différentes concentrations de substrat et mesurer seulement la v_o vitesse initiale qui fonctionne dans les mêmes conditions de progression avec un paramètre variable. Cette méthode est appelée «méthode des vitesses initiales ».

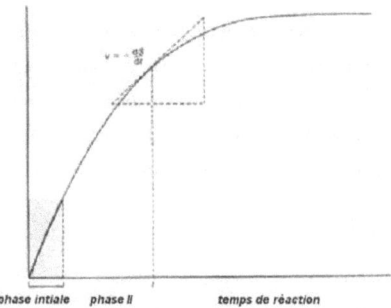

Figure 37 : Représentation graphique de la méthode des vitesses initiales(Vàsquez-Bahena et *al.*, 2004).

Cette approche est principalement justifiée par la nécessité d'obtenir une réaction qui n'est pas affectée par les phénomènes de la désactivation de l'enzyme et éventuellement par un produit inhibiteur qui se produit souvent dans ce type de réaction.

Ces problèmes qui se produisent lors de réaction relativement longues et le degré de conversion qui pourrait conduire à une concentration significative du produit, sont en fait observés dans d'autres types de tests avec une dépendance sur les divers facteurs qui influencent la vitesse de réaction.

Finalement, pour éviter l'interprétation de manière erronée les données cinétiques devraient être comparées avec les données obtenues par la méthode de la vitesse initiale des données de concentration en fonction du temps, de sorte que vous pouvez également vérifier l'interaction entre les différents paramètres.

2.3.1. Choix des conditions de réaction

La réaction enzymatique doit nécessairement respecter les conditions limitantes afin d'obtenir le modèle dynamique attendu.

2.3.1.1. Choix du nombre de tests avec l'enzyme libre

Tout d'abord, il est préférable d'analyser l'action enzymatique de l'enzyme libre. Ce choix a été dicté par le manque d'un modèle cinétique complet pour l'hydrolyse du saccharose par l'invertase. Avant d'utiliser une enzyme immobilisée il est nécessaire de connaître les propriétés catalytiques en l'absence de toute résistance ou modification de la configuration issue d'une immobilisation de protéines.

2.3.1.2. Choix de pH

La détermination de la dépendance des vitesses de réaction à différents pH a été nécessaire pour choisir une valeur appropriée a plus proche des conditions optimales. Selon les données bibliographiques, on peut considérer la valeur moyenne de pH est d'ordre de 5. Il n'y a pas de différence importante entre l'enzyme libre et l'enzyme immobilisée pour les valeurs moyennes de pH.

2.3.1.3. Choix de la température de réaction.

Notant que la température optimale de 50 ° C a causé une dénaturation de l'enzyme, il a été décidé de procéder à 40 ° C. Ainsi, nous avons choisi une voie conservatrice afin de garantir une activité enzymatique optimale.

2.3.1.4. Choix des concentrations de substrat

On doit sélectionner un intervalle dans lequel on effectue les essaies. Le choix de la limite inférieure de la concentration a été réalisé en tenant compte du fait que la méthode d'analyse utilisée détecte la concentration du produit de réaction et que, à partir les tests de vitesse initiale, le taux de conversion de la réaction atteint un maximum de 10%. Ainsi, la concentration minimale de saccharose doit être suffisante dans ces conditions, la détermination du produit avec une certaine précision. Pour choisir la limite supérieure, le pic

97

de concentration est déterminé en considérant la réaction d'inhibition par le substrat ce qui aboutit à une vitesse maximale de réaction. Pour cela, on a décidé de procéder comme suit:

So [g/l] 5 10 25 45 60 70

Afin de distinguer le pic maximal dans cette gamme de concentration et en même temps de vérifier l'inhibition par le substrat au niveau de la réaction.

2.3.1.5. Choix de la concentration d'enzyme

Le choix de la concentration d'enzyme utilisée dans le cadre de la réaction dépend de plusieurs facteurs. D'une part il y a la nécessité de suivre la réaction dans un champ de conversion faible, de sorte que nous pouvons baisser les mesures de vitesse initiale: ce qui donne une limite supérieure à la concentration de l'enzyme. D'autre part une concentration trop faible de l'enzyme implique une durée trop longue. Ensuite, il a été décidé de maintenir la concentration d'enzyme constante dans tous les essais effectués pour comparer les résultats obtenus dans des conditions différentes.

Pour obtenir un équilibre exact entre ces aspects on a exploité des prédictions basées sur les données cinétiques de la bibliographie. Sur la base de ces données et les tests expérimentaux de la faible concentration de saccharose on a pu déterminer la concentration d'enzyme qui permettrait la conversion pour atteindre environ 10% à un temps de réponse acceptable. De cette façon, même en utilisant des concentrations plus élevées de saccharose, il a été possible d'analyser l'évolution de la réaction.

En effet, avec la plus faible concentration de saccharose, on obtient la réaction la plus rapide, c'est à dire la réaction qui nécessite moins de temps pour atteindre le degré de conversion déterminé par la méthode des vitesses initiales.

La concentration d'enzyme nécessaire qui permet d'avoir un délai raisonnable pour la mesure de la conversion a été d'ordre de **$1{,}25 \ 10^{-3} \ \mu g \ / \ l$**.

2.3.1.6. Choix de la durée de réaction.

Le choix de fixer le temps de réaction plutôt que la concentration d'enzyme est dictée par deux raisons: d'abord, lorsqu'il s'agit d'une étude cinétique et on ne sait pas l'activité catalytique de l'enzyme, soit on ne peut pas savoir à l'avance la quantité d'enzyme nécessaire pour atteindre la vitesse de réaction désirée et suivant ce que la variable temps devient plus facile à gérer. Deuxième raison ce qu'il est nécessaire d'effectuer des essais sur une période de temps et par conséquent le temps nécessaire à la réalisation de chaque essai est limité. Après avoir vérifié expérimentalement que la température est de **40 ° C** , on peut effectuer des prises d'essaies à 15, 30,60 minutes, puis, on peut élargir à 5, 10, 15,30 minutes.

2.3.1.7. Choix du volume de la réaction

Le volume de réaction a été choisi en tenant compte que lors de chaque cycle de réaction il est nécessaire de faire trois prélèvements d'échantillons afin de surveiller la concentration du produit dans le temps. La détermination de la concentration du produit est faite par HPLC et le volume d'échantillon requis pour l'analyse est égal à 20 microlitres. Nous avons choisi de prélever du mélange réactionnel un volume égal à 1 ml de solution. Compte tenu de ces volumes utilisés pour chacun des tests, le volume choisi est de **100 ml**, de sorte que l'effet de la variation de l'effet volume de réaction sur les trois échantillons peut être considéré comme négligeable (moins de 4%).

2.3.1.8. Choix de la vitesse d'agitation

Le volume réactionnel est maintenu uniformément agité par agitateur orbital. On n'a pas déterminé la dépendance de la réaction à la vitesse d'agitation pour laquelle elle a été maintenue constante pendant la réaction et égale à 150 tr / min, pour assurer une bonne agitation du mélange réactionnel.

2.3.1.9. Choix de la méthode d'arrêt de la réaction

Le prélèvement d'un échantillon à un temps de réaction spécifique était nécessaire pour bloquer la même réaction pour une concentration du produit qui est caractéristique de ce temps de réaction. La réaction a été arrêtée en plaçant l'échantillon dans un bain d'eau à une température de 100 ° C afin d'inactiver complètement l'enzyme.

A cette température, il suffit quelques secondes pour arrêter la réaction, mais pour avoir une procédure plus fiable on a choisi de conserver les échantillons dans le bain pendant 10 minutes. Pour les fruits et les jus cette méthode présente des inconvénients tels que la dénaturation partielle ou totale des vitamines thermosensibles et par la suite l'altération de la qualité organoleptique de produits finis. Dans ce sens, en 2006 Franco Cataldo a inventé un procédé d'inhibition enzymatique qui utilise les ondes UV et conserve la qualité des produits finis.

Figure 38 : bain-marie à 100 ° C pour arrêter la réaction d'inversion;

2.3.1.10. Choix du nombre d'essais à effectuer pour chaque concentration

Afin de donner une validité statistique des données expérimentales obtenues, il a été décidé de procéder à des doublons. En effet, la mesure de saccharose dans le volume de réaction est toujours différente et donc nous avons préféré le test en double et triple dans certains cas, notamment l'importance d'une mesure particulière pour l'analyse du pic de la réaction. On a appliqué le même raisonnement, y compris la température.

2.3.2. Cinétique de conversion

La réaction a été effectuée dans les lots dans une fiole conique de 100 ml, immergée dans un bain d'agitation thermique, qui maintient la température et l'agitation constantes. Avant de commencer la réaction il est nécessaire d'amener le mélange réactionnel à la température de réaction, puis porter le mélange en absence d'enzyme ou du substrat au bain marie. Il faut utiliser des volumes égaux de 100 ml de réaction et les concentrations de l'enzyme de 1,25 mg / L, la quantité d'enzyme pour être inclus dans chaque mélange réactionnel est égale à 0,125 mg. Comme la concentration d'enzyme est un facteur affectant de manière significative la vitesse de réaction, il est nécessaire que la quantité d'enzyme dans chaque test soit exactement la même. Pour éviter ce type d'erreur nous avons décidé de préparer la solution tampon avec l'enzyme et de prendre un volume approprié de ce mélange réactionnel. Nous avons également contribué à minimiser l'erreur sur la variation du pH de la solution tampon. La solution tampon de l'enzyme doit donc être portée à la température de réaction:

Cette procédure est justifiée par la désactivation thermique négligeable à des températures de 40 ° C. Après avoir atteint la température de réaction, on ne doit pas ajouter le substrat pour commencer le test. Ensuite, les deux solutions séparément préchauffées par immersion dans l'eau à une température de réaction, la solution est versée dans la fiole contenant une solution de saccharose et l'enzyme et par la suite on déclenche la réaction. Les prises d'essais du mélange réactionnel sont faites à des moments différents pour déterminer la vitesse initiale à une température et une concentration données. L'échantillon du mélange réactionnel est placé dans un tube et incubé à 100 ° C pour bloquer la réaction de façon permanente de l'enzyme.

2.3.3. Préparation de la solution tampon

La solution tampon à pH 5 a été préparée avec un tampon acétique. D'abord, on prépare les deux solutions à des concentrations de 0,2 M d'acide acétique et d'acétate de sodium: pour obtenir une solution tampon à pH = 5, les volumes des deux solutions sont à peu près au ratio de 1 / 2 4.

À titre d'exemple, considérons le cas où nous voulons préparer 1 litre de chacune des deux solutions de départ.

La masse d'acide acétique ajoutée à l'eau distillée est la suivante:

M acide acétique = n acide acétique * PM acide acétique = C solution * V

Alors que, la masse d'acétate de sodium à ajouter à la préparation de la deuxième solution est la suivante:

M acétate de sodium = n acétate de sodium * PM acétate de sodium = C solution * V solution * PM acétate de sodium = 0,2mol/l

* 1l * 82g/mol = **16,4g**

Les deux solutions sont mélangées en utilisant une plaque magnétique pour assurer un mélange homogène ayant la valeur désirée du pH, indiquée par un pH-mètre. Les résidus des deux solutions d'acide et le sel sont conservés pour la préparation ultérieure. Une balance analytique de précision, Sartorius CP modèle 225D-DCE a été utilisée pour peser les solutés.

2.3.4. Préparation de la solution tampon avec du saccharose

Pour chaque concentration de substrat avec lequel les essais ont été effectués on a préparé de nouveau en utilisant une balance analytique de précision, un volume de 100 ml de solution tampon qui a été dissoute dans la quantité nécessaire pour obtenir la solution à une concentration double de saccharose par rapport au test. Pour faciliter la solubilisation de saccharose, le mélange a été agité par un agitateur magnétique. Puis un volume a été recueilli 50 ml de solution pour chacun des tests à la même concentration.

2.3.5. Préparation du tampon avec l'enzyme

Un volume de 400 ml de solution tampon, a été ajouté à la quantité d'enzyme nécessaire pour atteindre la concentration de 2,5 mg / l et par la suite il a été dissous dans une solution tampon.

À partir de la solution initialement préparée, un volume de 50 ml a été prélevé nécessaire dans chaque test de réaction.

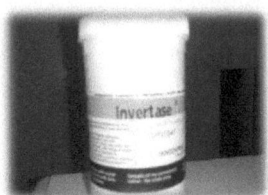

Figure 39: Invertase commerciale

2.3.6. Test de réaction

Le flacon contenant la solution de saccharose et la solution d'enzyme a été fermé et laissé pendant environ 10 minutes au bain-marie et agité par agitation orbitale, la subvention MCO (figure 39), afin de s'assurer que la température de la réaction a été atteinte. Dans tous les tests de la réaction l'agitation a été maintenue constante à 150 tr / min. À la fin de la régulation de la température de réaction en versant la solution de saccharose dans la fiole contenant l'enzyme. Périodiquement un ml de mélange réactionnel a été pris à l'aide d'une pipette après avoir été mis dans un tube approprié (1,5 ml flacons) a été mis dans un porte de tube à essai immédiatement les échantillons sont placés dans un bain composé d'un pot sur une plaque chauffante maintenue à 100 ° C.

Chaque échantillon a été maintenu pendant 10 minutes dans le bain à 100 ° C ce qui provoque la désactivation définitive de l'enzyme. Ensuite, les échantillons prélevés au cours des essais sont analysés par une technique chromatographique.

Figure 40 : Bain marie avec une agitation orbitale de MCO GRANT

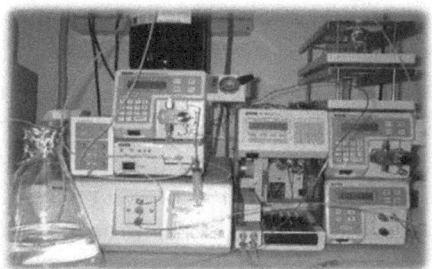

Figure 41 : Les appareils pour l'analyse par HPLC

Les instruments utilisés dans l'analyse par HPLC (figure 40) se composent des éléments suivants:

- 1 pompe Jasco PU-980;

- un indice de réfraction détecteur Jasco RI-930;

- un échantillonneur automatique Jasco AS-1555;

- 1 Gastorr dégazeur GT-103;

- 1 table de mixage Jasco LG-980-02;

- 1 colonne Alltech NH2 Aminino 250 mm de longueur et de diamètre interne 4,6 mm.

La phase mobile utilisée est de 1% en volume d'acide phosphorique, préparé en ajoutant 1 ml d'acide phosphorique à 1 litre d'eau distillée et en agitant la solution avec la plaque magnétique. Le volume d'essai de 10µl est injecté en amont de la colonne, dans le flux de phase mobile.

Les temps de rétention du fructose, de glucose et de saccharose sont respectivement (16 minutes, 14 minutes et 12 minutes),à la sortie de la colonne on a un détecteur qui indique l'indice de réfraction, et qui identifie la quantité de solutés dans la production et génère un signal électrique envoyé à un enregistreur ou un ordinateur, qui permet le suivi des sommets qui s'élèvent de la base, ce qui indique que autre chose que la phase mobile est en passant par le détecteur: Le chromatogramme obtenu (Figure 41) permet d'obtenir des informations sur les différentes substances détectées, intégrées automatiquement par le logiciel Borwin 1.20:

*Courbe d'étalonnage

L'étalonnage est nécessaire pour utiliser les données à partir des chromatogrammes. La courbe d'étalonnage, permettant l'identification de la pente qui se lie de façon unique à chaque zone de concentration, est obtenue par l'analyse de concentration des échantillons connus et contenant un temps des substances qui doivent être identifiés. Sachant le coefficient, les données sur la concentration des échantillons sera dérivé des données en tant que:

$$c\left[\frac{g}{l}\right] = \frac{area}{coeff}$$

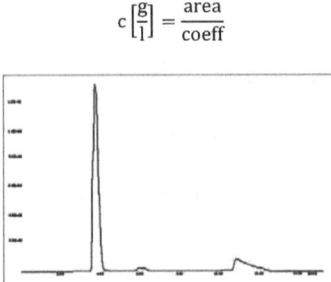

Figure 42: Exemple de chromatogramme

2.4. Méthodes de traitement des données

Toutes les données recueillies ont été analysées et révisées de temps à autre de la manière la plus appropriée pour décrire les phénomènes observés lors de l'exécution des tests, à l'aide de tableurs (Excel de Microsoft Office paquet) et des programmes de gestion des données (Table curve 2D).

Comme prévu, l'objectif principal de ce travail est d'identifier les constantes pour décrire la vitesse d'hydrolyse du saccharose en présence d'invertase. Les résultats expérimentaux triés dans des feuilles de calcul ont été rapportés dans les graphiques qui ont permis une première évaluation de la qualité des données.

La plupart des tests ont été effectués en double exemplaires afin de déterminer une valeur unique de la vitesse de réaction pour une concentration donnée. Toutefois, on pense d'utiliser les valeurs individuelles de chaque épreuve pour déterminer la forme de la courbe de réaction et d'identifier les paramètres de l'expression du taux de réaction à travers Table curve 2D. Ce logiciel permet à un ensemble de données en utilisant une feuille de calcul à apercevoir les meilleures interpolations de courbe, le programme fourni un grand nombre de courbes théoriques qui peuvent représenter les points en question avec la méthode de corrélation appropriée de coefficient R^2, un synchronisme indiquant entre les points expérimentaux et le modèle choisi. En se basant sur la valeur de R2, on peut choisir le meilleur modèle.

3. Résultats et discussions

3.1. Modélisation de cinétique d'invertase

L'analyse faite par la méthode des vitesses initiales conduit à des résultats intéressants.

En particulier cinétique est rapporté avec inhibition par le substrat. En étant en mesure de déterminer les points caractéristiques de la courbe du temps de réaction a été nécessaire d'obtenir une concentration d'enzyme qui permettrait le calcul de la conversion de la réaction jusqu'à 10%. Les concentrations de tests enzymatiques étaient les suivants: 20 g / l, 0,21 g / l, 0,11 g / l, 0,06 g / l, 0,04 g / l, 0,02 g / l, nous arrivons enfin à une concentration de 0,00125 g / l. À ce moment, nous avons pu analyser les échantillons avec les résultats suivants pour des concentrations croissantes de saccharose qui sont les suivants:

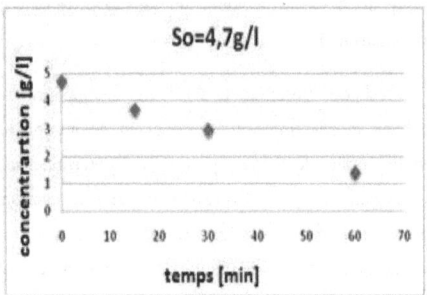

Figure 43: Concentration du saccharose en fonction du temps pour So=4,7 g/l

Il a évidemment une courbe descendante. En fait, il parle du réactif, puis à la suite d'une diminution de la concentration de saccharose en cours du temps. On peut voir les produits de réaction à 15 min après la réaction de conversion de saccharose en glucose et en fructose qui est de l'ordre de 22%.

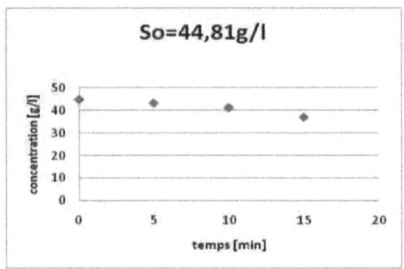

Figure 44 : Concentration en saccharose en fonction du temps pour S0=44,81 g/l

On remarque une baisse significative de la quantité de saccharose transformé. Après 15min on note que la conversion est de l'ordre de 4%, ce qui indique non seulement l'augmentation de la concentration de saccharose, ce phénomène est du surtout à la présence d'inhibition par le substrat (Vasquez-Bahena et *al.*, 2004).

3.1. Paramètres dynamiques de conversion

Notre objectif est d'obtenir les paramètres du modèle cinétique nécessaire qui semble maintenant être une inhibition par le substrat. Toutes les données recueillies ont été analysées et révisées grâce aux outils informatiques tels que de tableurs (Excel de Microsoft Office paquet) et des programmes de gestion des données (Table curve 2D). Tous les tests ont été effectués en double exemplaire, sauf pour certains articles pour lesquels il a été décidé de faire un troisième pour une sécurité supplémentaire, afin qu'ils puissent vérifier leur reproductibilité. Pour le remaniement qui a suivi, on a utilisé une valeur moyenne entre les deux obtenues après le calcul de l'écart-type:

$$C_{media\,,t} = \frac{C_{1,t} + C_{2,t}}{2} \qquad \sigma_t = \sqrt{\left(C_{1,t} - C_{media\,,t}\right)^2 + \left(C_{2,t} - C_{media\,,t}\right)^2}$$

Où $C_{media\,,t}$ est la valeur de la concentration moyenne pour un échantillon de génériques au temps t, $C_{1,t}, C_{2,t}$, sont les concentrations de l'échantillon au temps t, respectivement dans les deux essais répétés. L'écart-type calculé ici pour deux valeurs indique la dispersion des valeurs autour de la moyenne des différents tests et augmente si les valeurs sont plus dispersées (Murray R., Spiegel, 1979). Les résultats obtenus en réorganisant les données expérimentales sur la disparition de saccharose sont résumés dans le tableau ci dessous:

Tableau 17: Calcul statistique des données expérimentales de la disparition de saccharose

S_0	F_{media}	$\sigma 1$	F_{media}	$\sigma 2$	F_{media}	$\sigma 3$
[g/l]	[g/l]	[g/l]	[g/l]	[g/l]	[g/l]	[g/l]
	t = 15 min		t = 30 min		t = 60 min	
5	0,48	0,0052	1,25	0,51	1,51	0,04
10	0,77	0,02	1,467	0,003	2,3	0,28
25	1,155	0,049	0,96	-	1,91	-
45	0,7	0,03	1,6	-	2,45	-
70	1,06	0,51	1,82	0,87	3,56	1,95

Notez que la détermination de la concentration en fructose contre le temps n'est pas indiquée pour la réaction de tests effectués, car, en raison d'un dysfonctionnement de l'instrument de mesure des chromatogrammes certains résultats d'analyse sont illisibles. Ensuite, on a vérifié que le temps de réaction est de 10 minutes, le taux de conversion du saccharose est de l'ordre de 10%. Il faut alors décider d'utiliser uniquement les premiers points de révision.

On remarque que l'équation de la concentration de fructose en fonction du temps est nécessaire pour appliquer la méthode différentielle d'analyse des données cinétiques, la détermination du taux initial de la réaction à toute température et pour chaque concentration initiale du substrat.

Les données disponibles des concentrations de fructose en fonction du temps, nous ont permis d'avoir la rapidité de réponse qui a été définie comme le taux de formation du produit $\frac{dP}{dt}$, où la concentration est exprimée en g / l.

Après avoir estimé la concentration moyenne de fructose, vous pouvez faire la détermination de l'erreur de fréquence pour chaque point d'essai.

Selon la méthode des vitesses initiales, la courbe d'interpolation et d'extrapolation de la vitesse de réaction est exigée dans un diagramme cartésien des données de concentration en fonction du temps, c'est à dire la pente sera au temps zéro.

Lorsqu'on utilise un modèle linéaire, c'est à dire que l'intervalle de temps considéré et la vitesse de réaction restent presque constants. Cela correspond à une linéarisation de la concentration en fonction du temps près de la courbe de temps t = 0.

Les effets de cette linéarisation n'affectent pas les prochaines étapes.

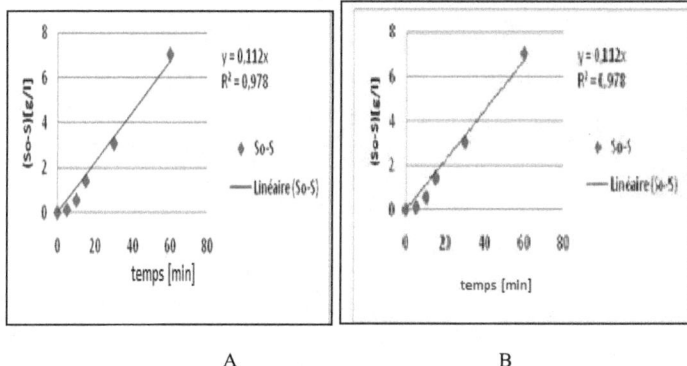

A   B

Figure 45 : Détermination de la vitesse initiale pour (A) C = 25g / l (B) C= 70g / l

Le tableau 18 illustre les différentes vitesses initiales correspondantes aux concentrations initiales de substrat

Tableau 18 : Les vitesses initiales par rapport aux concentrations initiales de substrat.

So [g/l]	$\dfrac{dP}{dt}\Big|_{t=0}$ [g/l*min]
4,7	0,0687
4,785	0,0627
9,61	0,108
9,988	0,154
24,4	0,1063
21,35	0,1516
23,705	0,1366
39,81	0,1379
42,248	0,2873
44,815	0,2603
66,11	0,1653
63,809	0,1122

La figure ci-dessous montre l'évolution de la concentration en saccharose avec les vitesses initiales de substrat, à savoir les valeurs rapportées au tableau 18:

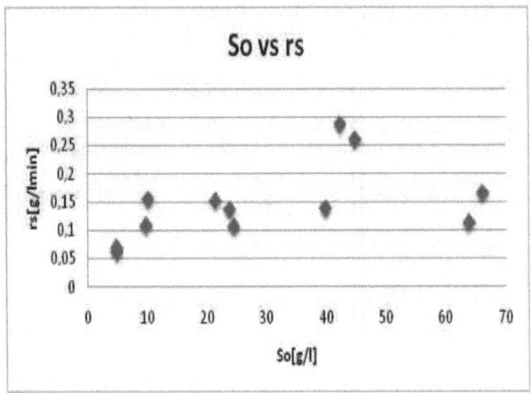

Figure 46 : La concentration en saccharose en fonction de vitesses initiales

En changeant le substrat par l'extrait ou jus des rebuts de dattes Deglet Nour, qui est riche en saccharose, de fructose et de glucose. Les résultats ont donné le graphique (figure 46).

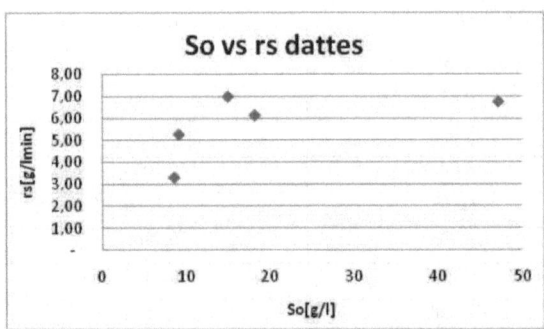

Figure 47 : Concentration de saccharose au niveau de jus de dattes en fonction de vitesses initiales

Lors de cette étape, on peut encore percevoir l'inhibition de substrat autour de la **$S_0 = 42g / l$.** On déduit donc que les résultats obtenus par simulation de solutions sont considérés comme conformes et utilisables dans des applications futures.

À ce stade, nous avons choisi de construire les courbes les plus correctes qui seront prises en compte dans les élaborations ultérieures, en utilisant un logiciel Table curve 2D. Ce programme renvoie un grand nombre de courbes théoriques qui peuvent représenter les points en question avec le cas échéant de coefficient de corrélation R2, ce qui indique un accord entre les points expérimentaux et le modèle choisi. Dans le cadre du programme du logiciel on a ajouté l'équation de l'inhibition de substrat ce qui nous a permis d'avoir les trois paramètres cinétiques correspondants à l'équation. Le graphique obtenu est:

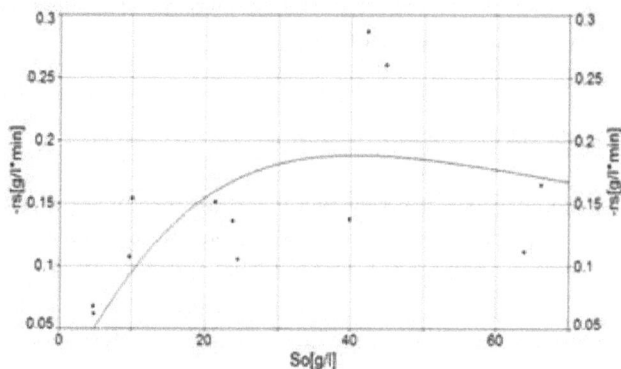

Figure 48 : Traitement des données par le logiciel Tablecurve2D

Alors, on peut dégager les trois paramètres du modèle dynamique de l'invertase dans un substrat qui est le jus de dattes :

$$V_{max} = 1,157 \frac{g_{substrat}}{l * min}$$

$$V_{max} = 3,38 / \frac{mol}{ml} min = \underline{\textbf{3,38 U/ml}}$$

$$K_M = 104,6 \frac{mM_{substrat}}{l}$$

$$\underline{K_M = 305,58 \text{ mM}}$$

$$K_i = 15,83 \frac{g_{substrat}}{l}$$

$$\underline{K_i = 40,24 \text{mM}}$$

Ces valeurs se différent aux résultats obtenus par CHAIRA en 2010 (Km apparent de 8,4 mM et Vmax apparente de 17, 3 U/ml), parce que d'une part, l'invertase utilisée est extraite à partir de datte (non commerciale) et d'autre part l'auteur n'a pas pris en considération l'inhibition par substrat qui est calculé par K_i . **Nos données sont considérées récentes vue que la réaction a mis en place un modelé dynamique de l'inversion de saccharose par invertase commerciale libre au niveau du jus de dattes. Mais à long terme il nous reste de vérifier l'utilisation de l'invertase immobilisée dans les prochains travaux et le comparer avec l'invertase libre.**

Notez que $V_{max} = k_2 * Eo$ puisque k_2 nous ne pouvons pas l'obtenir directement, on a $E_0 = 0,00125 \frac{g_{enzyme}}{l}$ d'où $k_2 = 925,6 \frac{g_{substrat}}{g_{enzyme} *l}$

Le traitement des données par le logiciel Table curve 2D permet de remarquer que la seule différence à la figure 45 qu'on a eu la forme de la courbe qui caractérise le mieux les points expérimentaux trouvés. Les points avec la concentration de **42,25 et 44,82 g / l** sont très éloignés de la courbe d'interpolation, car le pic de la réaction à l'inhibition de substrat est autour de ces deux concentrations. Il est logique que si vous obtenez plus de points sur le pic que nous pourrions mieux cerner la zone .Alors l'identification de la zone d'inhibition précoce est très utile pour la conception des bioréacteurs. Nos résultats se rapprochent de V ásquez-Bahena et al., 2004)

3.2. Etude des réacteurs idéaux

La cinétique d'expression de la réaction est utilisée afin de choisir le type de réacteur le moins couteux et le plus performant. Nous avons le réacteur discontinu idéal dont le volume n'est pas considéré dans l'équation, puis des tests seront effectués uniquement par rapport au temps et requis pour atteindre une conversion donnée. Les deux réacteurs en continu, PFR et CSTR, où nous pouvons comparer graphiquement les performances, et aussi analytiquement par le recours à un réacteur dans ce cas la confrontation de temps de séjour des deux réacteurs.

3.3. Réacteur idéal discontinu ou en Batch

D'après, ce qui est mentionné précédemment, on peut parler de temps car il est un réacteur fermé, cependant, vous pouvez utiliser le temps nécessaire pour atteindre une conversion donnée. Ce type d'analyse peut être effectué analytiquement. A partir de l'équation du lot et le projet explicitement en termes de temps que vous obtenez:

$$t = -[ln\left(\frac{S}{S_0}\right)\frac{K_M}{V_{max}} + \frac{(S-S_0)}{V_{max}} + \frac{1}{2}\frac{(S^2-S_0^2)}{K_iV_{max}}]$$

Sachant que $S = S_0(1-x_S)$:

$$t = -\left[ln\left(\frac{S_0(1-x_s)}{S_0}\right)\frac{K_M}{V_{max}} + \frac{(S_0(1-x_s)-S_0)}{V_{max}} + \frac{1}{2}\frac{\left(S_0^2(1-x_s)^2-S_0^2\right)}{K_iV_{max}}\right]$$

Enfin, simplifiant l'équation, on obtient:

$$t = -\left[ln(1-x_s)\frac{K_M}{V_{max}} - \frac{(S_0x_s)}{V_{max}} + \frac{1}{2}\frac{S_0^2x_s^2 - 2S_0^2x_s}{K_iV_{max}}\right]$$

Exploitant cette équation on peut définir un graphique avec certaines concentrations 0 − 600 g/l):

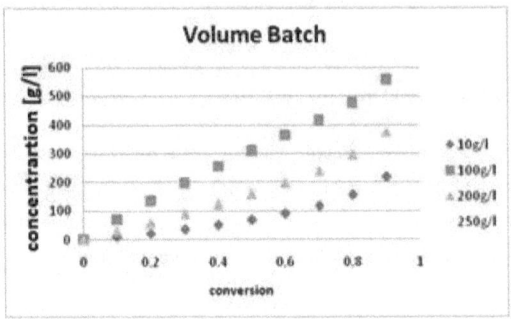

Figure 49 : Variation de la conversion en fonction de la concentration de saccharose pour le volume en Batch

En général, il ya une augmentation du temps nécessaire pour atteindre la même conversion. Les données ont été obtenues en utilisant le tableau 5 une concentration d'équivalent enzyme 0,00125 g / l. Vous pouvez penser, à construire une table à côté où l'on change la concentration de l'enzyme, en prenant une concentration fixe de saccharose et d'observer comment le temps varie en fonction de la concentration d'enzyme. Donc, pour une concentration fixe de saccharose à 42 g / l, nous avons:

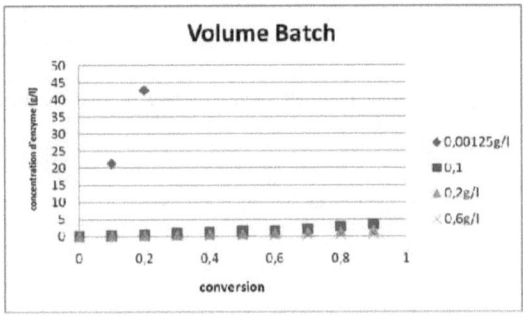

Figure 50: Variation de la conversion en fonction de la concentration d'enzyme pour le volume en Batch

On note que le temps de la diminution de conversion donnée est proportionnel à l'augmentation de concentration en enzyme. Par conséquent, lorsqu'on augmente la concentration d'enzymes, le temps nécessaire pour atteindre une conversion donnée est réduit.

C'est un caractère essentiel à noter indiquant la forte réactivité invertase car pour des valeurs inférieures de 0,00125 g / l, on peut remarquer que la courbe est essentiellement plate. Cela signifie qu'on peut atteindre la conversion complète de substrat.

3.4. Réacteurs en continu

Á ce stade, les réacteurs seront analysés un par un, puis on réalise une comparaison entre les deux types de réacteurs et une vérification de l'efficacité du réacteur.

• Réacteur à écoulement piston PFR

La principale caractéristique d'un réacteur à écoulement piston ou PFR, c'est que la composition du fluide varie de point en point le long d'une conduite d'écoulement, par conséquent, le bilan de masse pour un composant participant à la réaction doit être lié à un volume faible. Par conséquent l'équation d'une PFR est:

$$\tau = S_0 \left(-\frac{K_M}{V_{max}S_0} ln(1 - x_S) + \frac{x_S}{V_{max}} + \frac{S_0 x_S}{V_{max}K_i} - \frac{1}{2}\frac{S_0 x_S^2}{V_{max}K_i} \right)$$

En substituant les paramètres de l'équation et de donner une concentration fixe de saccharose, vous pouvez changer la valeur de la conversion. On aura le temps de séjours du PFR.

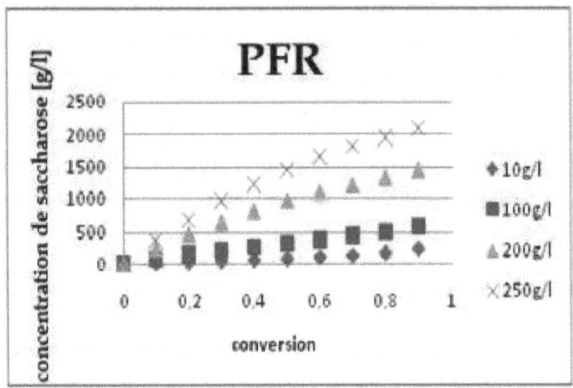

Figure 51 : Temps de séjour du PFR en fonction de la variation de concentration de saccharose et de conversion

On déduit qu'avec une concentration croissante de saccharose il est nécessaire d'ajouter plus de volume à la même conversion. Nous pouvons maintenant procéder à la fixation de la concentration de saccharose et de différentes concentrations d'enzyme ce qui permet d'avoir le temps de perméabilité dans le réacteur PFR.

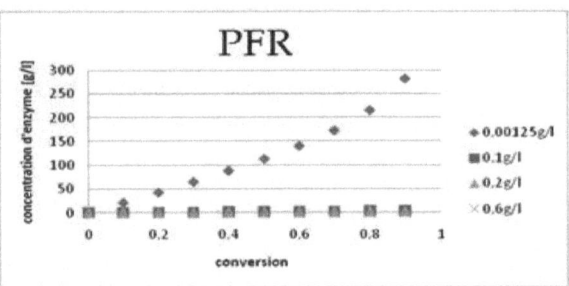

Figure 52 : Temps de perméabilité dans PFR en fonction de la variation de la concentration de l'enzyme et de conversion.

➔ **De nouveau la concentration de l'enzyme provoque une réduction de volume de réacteur. Dans le cas de la PFR on peut déceler graphiquement l'augmentation du**

volume:

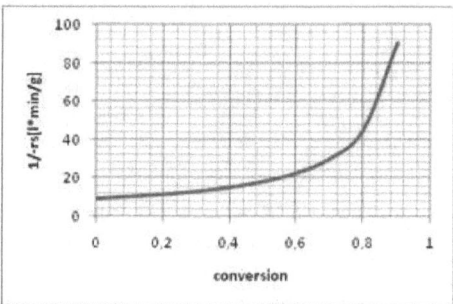

Figure 53 : Volume d'affichage de PFR

Le volume de la PFR est égal à l'air sous la courbe. Vous pouvez ensuite déterminer le volume nécessaire pour atteindre n'importe quel type de conversion en utilisant des méthodes simples pour calculer les cartes.

- **Réacteur de mélange CSTR**

Le mélange parfait nous permet de dire qu'avec ce type de réacteur chacun reste dans le réacteur à la même heure. On peut parler du temps passé avec la différence que le CSTR progresse directement à la concentration par contre le réacteur de la PFR fonctionne dans toutes les concentrations. Pour calculer le temps de séjour de l'équation CSTR nous avons besoin du Test:

$$\tau = \frac{S_0 x_S}{-\dfrac{V_{max} S_0 (1 - x_s)}{K_M + S_0 (1 - x_s)\left(1 + \dfrac{S_0 (1 - x_s)}{K_i}\right)}}$$

Maintenant, nous pouvons procéder à la construction de la table avec une concentration d'enzyme égale à $E_o = 0,0025$ g / l

118

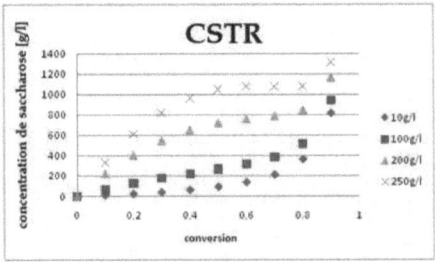

Figure 54: Temps de séjour dans CSTR en fonction de concentration de saccharose et de conversion

Avec une concentration de saccharose croissante on aura une augmentation du temps de séjour dans le réacteur. Voyons comment varie le temps de séjour en fonction de la concentration en enzymes différents:

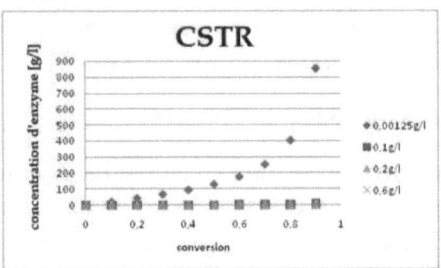

Figure 55: Temps de séjour dans CSTR selon la variation de la concentration de l'enzyme et de conversion on remarque une réduction rigoureuse du temps passé.

Quant à la CSTR elle peut aussi être graphiquement analysée, mais en utilisant de l'air au lieu au dessous de la courbe. Exemple:

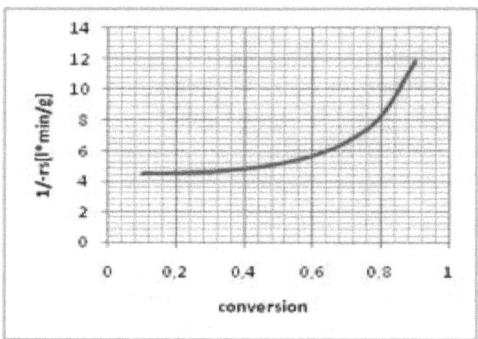

Figure 56: Volume de CSTR en fonction de conversion

Pour une conversion de 0,4 dessiner le rectangle. La surface du rectangle sera le volume du CSTR nécessaire pour atteindre la conversion désirée.

3.5. Comparaison des volumes de réacteurs idéaux et en continu

Nous avons vu que pour les réacteurs idéaux et continus on peut percevoir l'évolution de la réaction de deux façons l'une graphique et l'autre analytique. Vous pouvez alors penser à une comparaison du volume des deux réacteurs, puis de tirer des conclusions.

Les cartes seront affichées avec la zone rouge correspondant au volume des PFR, avec la couleur orange de la zone correspondant au volume de CSTR et enfin la zone verte en commun, c'est que la PFR à CSTR.

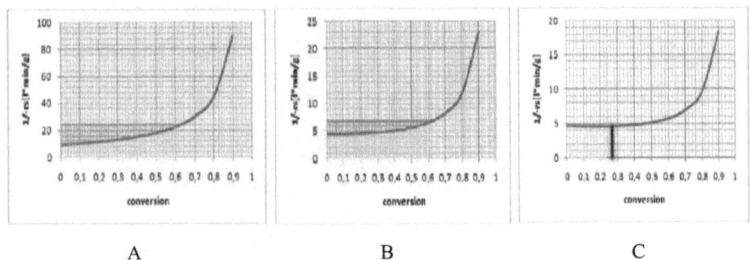

A   B   C

Figure 57: comparaison entre le volume du réacteur constante (A) So=10g / l;
(B)So= 40g / l et (C)So = 50g / l

On constate qu'il y a un avantage dans l'utilisation de la PFR à une concentration de 40 g / l indépendamment du degré d'avancement de la réaction. Mais, si on augmente la concentration du substrat on peut remarquer un avantage dans l'utilisation des CSTR avec une conversion à laquelle vous avez l'équilibre des volumes des deux types de réacteurs qui augmente progressivement.

Cette situation peut être expliquée tout simplement par l'observation des caractéristiques des deux réacteurs: le PFR fonctionne dans toutes les conversions, le travail de conversion finale à CSTR.

Cela signifie que lorsque vous atteignez la concentration où vous inhibez la CSTR on peut éviter ce travail inhibant la conversion désirée directement, en exigeant l'utilisation du plus grand volume.

4. Conclusion

Au niveau de ce chapitre, l'objectif est de déterminer un model dynamique de la réaction d'hydrolyse du saccharose par invertase en tenant compte de la vitesse de réaction, de la concentration du substrat et des facteurs d'inhibitions.

Dans la littérature, pour la réaction en question, un modèle à l'inhibition de substrat a été proposé mais dans notre cas on a déduit qu'en absence d'hypothèses théoriques du mécanisme d'inhibition de substrat, il faut tester un modèle à un point de contrôle avec une base mathématique et des données statistiques stables.

L'interaction des données expérimentales par la méthode des vitesses initiales et grâce à l'utilisation d'un Tablecurve2D de logiciels, a conduit à démontrer la validité du modèle hypothétique et cela nous a permis de déterminer les constantes cinétiques (Km=305,58 mM ; Vmax=3,38 U/ml; Ki=40,24 mM).

Grâce aux données rapportées dans la littérature, on a observé un pic après lequel commence l'inhibition qui a été choisi, pour effectuer les tests dans une gamme qui permettrait la détermination de la concentration maximale de substrat. Cette valeur est établie à environ 42g / l. Plus le nombre des preuves est élevé plus la mesure est précise.

En parallèle, l'étude cinétique a également abordé un problème plus pratique: l'utilisation de la cinétique d'expression trouvée dans les réacteurs, en particulier idéal, il y a eu des conclusions intéressantes.

→ Ici, on note un confort considérable dans l'utilisation d'un PFR pour les concentrations inférieures au pic puis commencer à être commode d'utiliser le CSTR à des conversions augmentant avec la concentration du substrat. D'où, la conversion optimale de saccharose par invertase qui nécessite obligatoirement un bioprocédé couplé (PFR-CSTR).

Nos données sont considérées récentes vue que la réaction a mis en place un modelé dynamique de l'inversion de saccharose par dattes.

Comme perspective, les développements futurs pourraient se concentrer sur :

- Vérifier l'utilisation de l'invertase immobilisé dans les prochaines travaux et le comparer avec l'invertase libre.

  Étudier le comportement enzyme à différentes températures.

- Prolonger la preuve dans le temps et voir si le comportement soit affecté par la désactivation enzymatique et à quel moment.

- Utiliser des réacteurs réels pour observer la déviation de comportement idéal.

CHAPITRE 4 :

Production d'un sirop de dattes (sous produits Deglet Nour) inverti et application dans l'industrie de conditionnement des dattes

1. Introduction

En Tunisie, le secteur palmier joue un rôle très important tant sur le plan socio-économique que sur le plan écologique des régions arides et semi arides du sud du pays. En effet, il constitue l'armature de l'économie de ces régions avec une production nationale estimée à 174125 tonnes pour l'année 2011 (**G.I.F., 2011**).

Malgré la diversité des variétés de dattes existantes en Tunisie, uniquement la variété Deglet Nour domine le marché interne avec une production estimée à 119000 tonnes pour la campagne 2010-2011 (**G.I.F., 2011**).

Les autres variétés de datte peuvent être exploitées dans l'élaboration de nouveaux produits à intérêt alimentaire important à savoir : jus, sirop, pâte..., afin de valoriser les tonnes de écarts de triage perdus à chaque campagne et surtout de mettre à la portée du consommateur un produit inédit pouvant satisfaire ses besoins alimentaires.

Parmi ces produits, le sirop inverti est utilisé comme produit d'enrobage de certains fruits tels que les dattes en améliorant leurs propriétés organoleptiques et nutritionnelles.

Dans ce chapitre, nous effectuerons une optimisation de la qualité de sirop de dattes, l'application du sirop inverti pour le conditionnement de dattes et éventuellement la comparaison des dattes enrobées par le sirop inverti avec celles enrobées par le sirop de glucose commercial.

2. Matériel et méthodes

2.1. Dattes

Lors de cette étude, nous avons choisi d'utiliser les écarts de triage des dattes de la variété Déglet-Nour dans la mesure ou les sucres solubles des deux autres variétés Besr Halow et Allig sont entièrement des sucres réducteurs ne nécessitant pas la conversion de saccharose en glucose et fructose. Notre choix de la meilleure classe des dattes utilisées est fait suite à un large screening des sirops obtenus à partir de chaque classe.

2.1.1. Préparation du jus au laboratoire : méthode optimisée

Plusieurs méthodes de préparation de sirop sont rencontrées en bibliographie et qui sont tous inspirées de la méthode traditionnelle. La méthode testée dans le présent travail (optimisée) découle de celle de Munier 1973 et Akidi 1985. Elle comporte les étapes suivantes :

- préparation préliminaire des dattes ;

- extraction du jus de dattes ;

- filtration de l'extrait ;

- concentration de l'extrait ;

Préparation préliminaire des dattes. Les dattes destinées à la transformation ont subi un lavage, un séchage et un dénoyautage. Le dénoyautage est effectué à l'aide d'un mixeur électrique (en industrie, cette opération est réalisée par une machine constituée de deux cylindres en acier présentant une surface rude et tournant en sens inverse ce qui permet de libérer le noyau de la chaire). Le produit obtenu est un mélange homogène de pulpe/noyau/eau.

L'extraction du jus de dattes. L'extraction du jus permet l'obtention des substances solubles grossièrement formées de sucres. La proportion de l'eau utilisée est de 3 : 1 (3 v d'eau pour un volume de datte). Le mélange obtenu est soumis à une macération dans un bain marie à une température de 80 °C pendant 90 min.

Clarification ou filtration de l'extrait de dattes. Cette opération est une étape clé dans la fabrication de sirop de dattes car elle permet l'élimination des substances pectiques et des protéines responsables de l'aspect gélatineux et de la turbidité de l'extrait. Elle se déroule en deux phases :

- *Filtration sur tissu* : le jus brut est versé doucement sur un tissu et soumis à un pressage. Les mailles du tissu utilisé doivent être fines.

- *Filtration par centrifugation :* Elle permet la filtration et la clarification ultime en soumettant le jus obtenu à une centrifugation sous 6000 tours/min pendant 25 min.

Concentration de l'extrait. Cette opération permet l'obtention d'une substance dense. Il s'agit d'une évaporation de l'eau contenue dans l'extrait et la concentration des substances solides solubles en éliminant les couches de pectine qui agit directement sur la durée de conservation. Cette méthode directe de fabrication de sirop de dattes est accompagnée d'une réaction de caramélisation qui donne au sirop une couleur foncée ce qui influe sur la qualité de sirop (couleur et goût). Nous avons utilisé la méthode basée sur la concentration sous vide, plus appréciée, car elle permet une meilleure conservation de la couleur du produit. Le sirop obtenu doit être de 70 à 72 ° Brix avec une couleur de miel. La figure 58 récapitule les étapes de préparation de sirop de dattes.

Etape 1 : Jus de dattes filtré   Etape 2 : Sirop préparé par cuisson

Etape 3 : Sirop de dattes

Figure 58 : Les principales étapes de préparation de sirop de dattes au laboratoire

2.1.2. Préparation du sirop inverti

Le jus et le sirop de dattes contiennent des quantités importantes du saccharose. Pendant le stockage de ces produits, ce sucre se cristallise, ce qui influe sur la qualité. Pour éviter ce risque, l'ajout de l'invertase fait invertir le saccharose contenu dans le jus et le sirop de dattes.

A chaque 100 ml de jus de dattes ,100 ml de la solution de l'invertase sont ajoutés (les deux solutions doivent être à une température de 50 °C le temps de mélange). Le mélange est mis dans un évaporateur rotatif pendant 2h à une température de 50°C. Le jus obtenu est un jus inverti.

Pour avoir un sirop inverti, il suffit de prendre le jus inverti à une température de 80-90°C en utilisant l'évaporateur rotatif jusqu'à l'obtention d'un sirop de datte ayant un degré Brix entre 72° et 77° : c'est le sirop inverti.

2.1.3. Enrobage

✓ **Préparation des solutions d'enrobage**

En pratique, la masse de sirop utilisé est 500g. Les deux échantillons étudiés sont le sirop inverti de dattes et le sirop de glucose. Pour chacun d'eux, on dilue le mélange de sirop et de sorbitol par une quantité d'eau.

Cette dernière dépend du degré de Brix de sirop. En effet, 1 Kg de sirop de glucose (Brix: 80°) nécessite 9 l d'eau et 200g de sorbitol.

✓ **Enrobage des dattes standard**

Les dattes utilisées sont des dattes naturelles standard.

Les principales étapes d'enrobage sont :

- Rinçage des dattes par l'eau

- L'hydratation: 60-65 °C pendant 35 min

- Le trempage: se fait dans des flacons

- Le séchage: 60 °C pendant 30 min

N.B: L'enrobage s'effectue en 2 procédés :

- Séchage puis enrobage

- Enrobage puis séchage

Afin de comparer ces deux procédés (avant et après), on a réalisé 2 traitements qui sont l'enrobage par le sirop de glucose et celui par le sirop inverti des dattes en répétant chaque traitement 3 fois.

2.2. Méthodes utilisées

Les qualités des échantillons (les sirops obtenus et le sirop de glucose de même les dattes enrobées) ont été évaluées à travers les tests bactériologiques, physicochimiques (pH, degré de Brix, acidité titrable, teneur en sucres), organoleptiques et morphologiques.

2.2.1 Activité enzymatique de l'invertase

L'activité enzymatique de l'invertase peut être étudiée en dosant des sucres réducteurs libérés après hydrolyse par l'acide 3,5-dinitrosalicyclique (DNS).

2.2.2. Gamme d'étalonnage par la méthode spectrophotométrique

- Préparation de la solution DNS :

- Dissoudre 150 g de tartrate double de Na et K dans 250 ml d'eau distillée (solution 1).

- Peser 8 g de NaOH et ajouter 75 ml d'eau distillée (solution 2).

⇨ Dissoudre complètement le mélange en chauffage douce

- Mettre 5 g de DNS dans 100 ml d'eau distillée (solution 3).

⇨ Mélanger les 3 solutions (en agitant) dans un flacon de 500 ml jusqu'à la dissolution totale de DNS.

⇨ Ajuster le volume jusqu'à 500 ml avec l'eau distillée.

128

⇨ Boucher hermétiquement et conserver à température ambiante et à l'abri de la lumière.

• Préparation de la gamme étalon :

Tableau 19: Gamme d'étalonnage

N° de flacon	0	1	2	3	4
Solution de glucose (1g/) (ml)	0	25	50	75	100
Eau distillée (ml)	100	75	50	25	0

- 2 ml de chacune des solutions préparées est prélevé et mis dans un flacon de 100 ml.

- Ajouter 2ml de DNS (+ agitation manuelle).

- Boucher les tubes avec du papier aluminium et incuber 15 min au bain marie bouillant.

- Laisser refroidir et ajouter 20ml d'eau distillée.

- Reposer 10 minutes à température ambiante.

⇨ Lire les absorbances (D.O) à 540 nm contre le blanc (tube 0).

Suite aux mesures effectuées, on a enregistré la courbe linéaire suivante qui passe par l'origine d'équation : $C = f(D.O)$;

Avec : C : est la concentration de glucose

D.O : est la densité optique

A partir de cette courbe, nous pouvons déterminer directement la concentration de glucose pour chaque valeur de la densité optique.

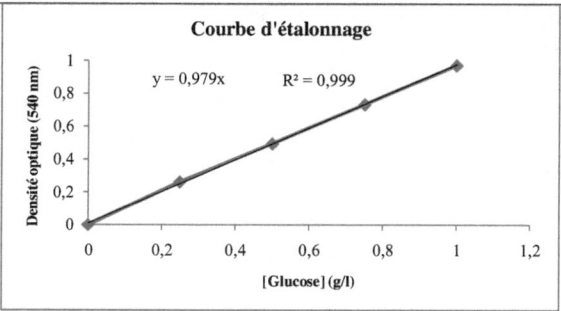

Figure 59: Courbe d'étalonnage du dosage des sucres réducteurs

2.2.2. Vitesse initiale de la réaction de l'inversion

La vitesse initiale de la réaction est mesurée en présence d'enzyme à concentration constante. Dans ce cas, la concentration de saccharose utilisée est de l'ordre de 30%.

- Préparation de la solution de saccharose à 30% : On prépare une solution de saccharose à 30% (dissoudre 30 g de saccharose dans 100 ml d'eau distillée).

- Préparation de la solution de l'invertase : 0,01 g de l'invertase dissoute dans 100 ml d'eau pure et tiède (Dilution 10) puis 1 ml de cette solution est diluée dans 99 ml d'eau pure et tiède (dilution 100).

Les deux solutions préparées (solution invertase et solution saccharose) sont mises séparément dans un bain marie à une température de 50°C pendant 5 minutes.

Ensuite, les deux solutions sont mélangées dans un ballon et le mélange est mis dans un rota vapeur à 50°C. On prend le temps de mélange comme le temps de départ t_0.

Chaque 10 minutes, l'échantillon prélevé est mis à 100°C/5 min. Ensuite, 2 ml de DNS sont ajoutés à 2 ml de l'échantillon. Le mélange est mis dans un bain marie bouillant pendant 15 minutes pour le blocage de la réaction d'invertase.

Après refroidissement, 20 ml d'eau distillée sont ajoutées, puis les absorbances (D.O) sont lises à 540 nm contre un témoin formé par 2 ml eau distillée et 2 ml DNS.

Le dosage par le DNS permet de tracer la courbe de la concentration de glucose en fonction de temps. Cette représentation nous permet de déterminer la vitesse initiale de la réaction enzymatique.

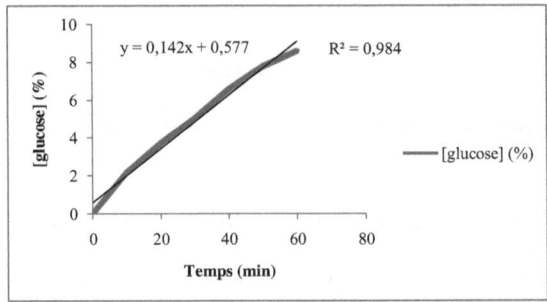

Figure 60 : Suivi de l'activité de l'invertase dans une solution de saccharose à 30%

D'après l'équation de la courbe ci- dessus, nous constatons que:

La vitesse de la réaction de l'invertase sur le saccharose qui représente graphiquement la pente de la courbe est égale à 0,142 g/l /min.

2.2.3. Paramètres cinétiques de l'invertase

En variant la concentration en substrat (5%, 30%, 40%, 50% et 60%) et en opérant de la même manière que précédemment. Pour chaque concentration, une vitesse est enregistrée (Annexe I).Ces deux valeurs permettent le traçage de la courbe $1/V_i = f(1/[s]$)} (la représentation de Lineweaver et Burk) qui donne une droite de pente K_M/V_{max} et d'ordonnée l'origine $1/V_{max}$.

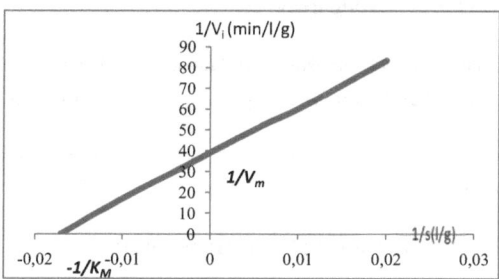

Figure 61 : Représentation en double inverse

A partir de cette représentation, nous avons déterminé les deux paramètres cinétiques :

⇨ $-1/K_M = -0,017$ Donc $K_M = 57,82$ g/l

⇨ $1/V_{max} = 39$ D'ou $V_{max} = 0,025$ g/l/min =

⇨   Le temps nécessaire pour l'inversion est: $t_{nécessaire} = K_M / V_{max}$

$t_{nécessaire} = 3.85$h $t_{nécessaire} = 4$h et 51 min

2.3. Analyses morphologiques

A partir de chaque échantillon, un prélèvement au hasard d'une dizaine de dattes a été effectué.

La détermination du poids moyen de la datte entière, de la pulpe et du noyau a été réalisée grâce à une balance de précision à 10^{-2} g.

De plus, le rapport chaire et pulpe est déterminé.

132

La détermination des dimensions de la pulpe (longueur, largeur et épaisseur) des échantillons a été effectuée au moyen d'un pied à coulisse.

2.4. Analyses microbiologiques

Pour chaque échantillon, on réalise une dilution de 1/10 et ceci en mélangeant 1 ml de l'échantillon avec 9 ml d'eau peptone. Le test utilisé est le test Pétri - film.

Après incubation, le comptage des colonies est fait à l'aide d'un compteur électronique des colonies.

2.4.1. Détermination de Coliformes totaux

Les coliformes sont des bâtonnets Gram négatif produisant de l'acide et des gaz par la fermentation du lactose.

❖ Milieu de culture : C'est un milieu sélectif de type VRBL (Violet Red Bile Lactose), composé de sels biliaires, cristal violet, rouge neutre, un agent gélifiant soluble dans l'eau froide et d'un indicateur coloré facilement lisible.

❖ Temps d'incubation : 24 heures.

❖ Température d'incubation : 30°C.

❖ Dénombrement des colonies : par un compteur de colonies, les colonies rouges gazogènes ou non gazogènes sont comptées et multipliées par le facteur de dilution.

2.4.2. Détermination de levures et moisissures

Les levures possèdent une forme ovale, de contour bien défini et de couleur beige rosé à bleu vert et ne présentant pas un centre de couleur intense. Les moisissures sont des larges colonies aux contours diffus et le centre présente une couleur intense.

❖ Milieu de culture : c'est un milieu de culture prêt à l'emploi qui contient des éléments nutritifs, des antibiotiques, un agent gélifiant soluble dans l'eau froide et un indicateur qui facilite la lecture des résultats.

❖ Temps d'incubation : 3 à 5 jours.

❖ Température d'incubation : 25°C.

❖ Dénombrement des colonies : les colonies vertes ou bien beiges sont comptées et multipliées par le facteur de dilution. Le nombre est considéré incompatible si le nombre réel est $>10^4$ ou 10^6.

La qualité des jus des fruits destinés à être conservé à 4°C, régi par la norme NF ISO 7954/1988 est:

➢ Levures: $<$ à 10^3 UFC/g

➢ Moisissures: $<$ à 5.10^2 UFC/g

➢ Coliformes totaux: $<$ à 10^3 UFC/g

➢ Germes totaux: flore totale aérobie: $<$ à 3.10^5 UFC/g

2.5. Analyses physicochimiques

2.5.1. Détermination de pH

Le pH est mesuré par un pH-mètre de marque «EZODO pH/mV/Temps/Meter PL-600 » en respectant les exigences de la norme tunisienne « NT52-21-1982 qui exige un pH à l'ordre de 4,5 » pour les produits de confiseries.

- **Expression**

C'est l'activité des ions H$^+$ dans la solution selon la relation suivante:

$$pH = ln[H_3O^+]$$

2.5.2. Détermination de la teneur en matières solides solubles

Le degré de Brix est mesuré à l'aide d'un refractomètre (portable model RTS à 0-80%).

Ce paramètre peut renseigner sur la quantité en matière sèche.

▪**Expression**

La quantité de matière sèche peut être déterminée en multipliant la teneur en matière sèche soluble du jus (degré Brix) par la masse du jus après filtration.

$$Quntité\ MS = Mj * MSS$$

Quantité MS:quantité de matière sèche.

MSS: teneur en matière sèche.

M$_J$:masse du jus après filtration.

2.5.3. Détermination de l'acidité titrable

Il s'agit de titrer l'acide citrique, qui constitue l'acide majeur du jus de datte, avec une solution d'hydroxyde de potassium (KOH 1N) en présence de phénophtaléine comme indicateur coloré. L'acide citrique est un triacide de formule chimique $C_6H_8O_7$, du poids molaire=192g/mol.

10 ml du jus sont dosés par KOH à 1mol/l sous suivi pH-métrique. Le volume équivalent est Veq=V$_{KOH}$ml.

- **Expression**

On en déduit la concentration de jus en acide citrique calculé par la formule suivante,

(C. acide citrique)=1/3x $\underline{C\ (KOH)xVeq}$ =$\underline{1 \times Veq}$ =0,33 xVeq

V (jus)   3 x10

Sachant que la masse molaire de cet acide, $M(C_6H_8O_7)$=192g/mol, on en conclue la teneur en acide citrique, à l'ordre de:

C$_m$ (ac.citrique) ×M (ac.citrique) = 1/3 x Veq× 192 = 6,3 x Veq (g /l du jus).

2.5.4. Détermination de l'humidité

Pour mesurer la teneur en eau, 20 ml de l'échantillon sont mises dans une étuve à 100°C à la pression atmosphérique. Après 24 h, les échantillons secs sont pesés. Le pourcentage d'humidité est déterminé comme suit :

$$H\% = 100*(P_f - P_s)/P_f$$

Avec : P_f : poids frais

P_s : poids sec

2.5.5. Détermination de la teneur en cendres totales

1g de chaque échantillon qui est séché dans l'étuve à une température de 100°C pendant 24h, est pesé dans un creuset. Puis, il est mis dans un four à moufle à 550° C pendant 4h.

La teneur en cendres du jus est déterminée par la formule suivante :

$$\% \ cendres = (M_2 - M_1) / (M_0 - M_1) *100$$

Avec : M_0 : masse en grammes du creuset et de prise d'essai

M_1 : masse en grammes du creuset vide

M_2 : masse en grammes du creuset avec cendre

2.5.6. Teneur en sucres réducteurs et totaux (Méthode de Fehling)

- Principe

Le dosage chimique des sucres réducteurs (glucose et fructose) est effectué en utilisant la liqueur de Fehling A et B. A chaud, les sucres réducteurs réduisent le $Cu(OH)_2$ en CuO.

136

Cette réduction est rendue visible à l'ébullition par un changement de la couleur de la solution bleu vert vers la couleur jaune.

- Mode opératoire

A 25 ml de l'échantillon, 5ml d'une solution d'acétate de zinc saturée est ajoutée pour précipiter les protéines. Après un repos de 20 à 30 minutes, l'eau distillée est ajustée jusqu' à 250 ml. Le mélange obtenu est ensuite filtré et le filtrat est nommé «S ».

D'autre part la solution préparée est formée de :

- 10 ml de liqueur de Fehling A

- 10 ml de liqueur de Fehling B

- 10 ml d'eau distillée

- 6 ml de ferrocyanure de potassium

Cette solution de couleur bleu, est chauffée jusqu'à l'ébullition pendant 2 min avant le titrage par des petites additions répétées de la solution « S» jusqu'au virage du bleu au jaune. Le volume ajouté est noté V_1. Afin de doser les sucres totaux, 5ml de (HCL 37%) sont ajoutées à 50 ml de solution « S » puis chauffés en bain-marie à une température de 60 à 70° C pendant 20 min afin d'hydrolyser la solution sucrée. Après refroidissement, le mélange a été neutralisé par 5ml de Na OH (5N). L'eau distillée est additionnée jusqu'à un volume total de 100 ml.

La solution sucrée obtenue est nommée « S* ». Après le titrage, le volume versé est noté V_2. Chaque 20 ml de liqueur de Fehling oxyde 50 mg de sucres réducteurs

⇨ Quantité de sucre =0.05/V (ml)

⇨ 25 ml de jus ➝ Quantité de sucres réducteurs

⇨ 100 ml ➝ x

X = 100* quantité / 25

La teneur en sucres totaux est déterminée comme suit:

$$\text{Sucres totaux (mg/ml)} = 0.05*((V1+V2)/ (V1*V2))*Fd$$

La teneur en saccharose est déterminée par la formule suivante :

$$\% \text{ saccharose} = \% \text{ de sucres totaux} - \% \text{ de sucres réducteurs}$$

2.5.7. Détermination de l'activité de l'eau des dattes

Pour les dattes traitées et naturelles, l'activité de l'eau est mesurée à l'aide d'un aw-mètre.

2.6. Analyses Sensorielles

2.6.1. Détermination de la couleur

Pour la représentation de la nature tridimensionnelle de la couleur dans le système fondamental des couleurs de JUDD-HUNTER, les coordonnées chromatiques conventionnelles L^*, a* et b^* retenues par la commission internationale de l'éclairage (**CIE 1976**) sont adoptés.

- La coordonnée chromatique L* représente une mesure de la luminosité dans une plage allant du noir (0) au blanc (100).

- La coordonnée a* indique la différence entre les tons rouge et vert. Les valeurs positives a* signalent la présence des particules rougeâtres.

- La coordonnée b* décrit les différences entre les tons bleu et jaune. Elle est proportionnelle à la qualité de pigments de carotène.

La détermination de ces coordonnées est réalisée à l'aide d'un chronomètre (MIONOLTA, CR300).

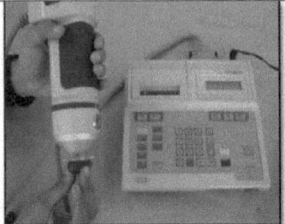 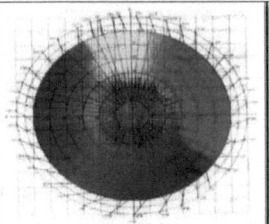

Figure 62 : Chronomètre   **Figure 63** : Cercle de Mansell

L'expression de ces coordonnées se fait sur un cercle contenant 3 axes (a*, b* et L*) appelé cercle de Mansell qui comprend toute une gamme de couleur.

2.6.2. Détermination de la tendreté des dattes

Elle est faite à l'aide d'un pénétromètre de marque « Gnalis ».

2.7. Analyses statistiques

Pour comparer les échantillons étudiés, les résultats des analyses morphologiques, physicochimiques, microbiologiques et organoleptiques sur ces produits sont traités en faisant l'analyse statistique par ANOVA et EXCEL par l'intermédiaire du logiciel SPSS 11.5.

Ce logiciel va nous guider à savoir s'il existe une différence entre les produits analysés.

3. Résultats et discussions

3.1. Protocole optimisé de fabrication du sirop de dattes

Le protocole adopté pour la préparation du sirop de datte est porté dans la figure ci-dessous. Le diagramme récapitule les principales étapes de fabrication de sirop de datte selon la méthode de cuisson optimisée. Au niveau de l'étape de l'extraction nous avons adopté un couple température- temps (80° C, 60 min) afin d'obtenir un jus riche en matières sèches.

139

Concernant, la clarification du jus nous avons recourt à deux filtrations l'une sur tamis et l'autre sur tissu et finalement, une centrifugation ultime nous a permis d'avoir un jus filtré susceptible d'être concentré en sirop de datte.

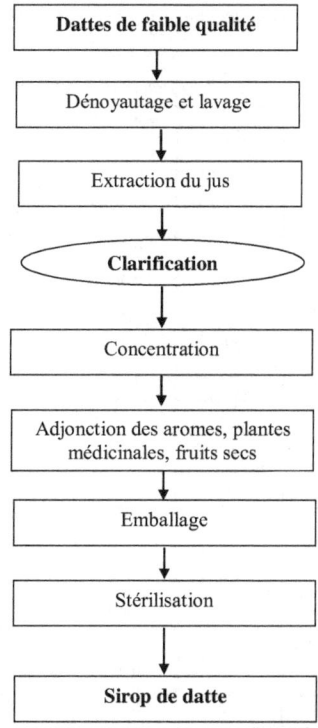

Figure 64: Diagramme de fabrication de sirop de dattes selon la méthode optimisée au laboratoire

Ce diagramme chevauche avec d'autres illustrés par Jraidi *et al.* en 1990, Munier en 1973 et Akidi *et al.* En 1985). Mais il faut noter que le diagramme adopté au cours de notre travail est différent au niveau des deux étapes clés : l'extraction et la clarification du jus issu des écarts de triages de dattes.

3.2. Composition physico-chimiques des sirops de dattes

Le tableau 20 récapitule les analyses physicochimiques qui sont effectuées sur le panel d'échantillons étudiées.

Tableau 21 : Les principaux constituants de sirop issu des écarts de triage de dattes variété Deglet Nour

Analyses physicochimiques						
Echantillons	pH	Brix	% acidité titrable	% glucose	% fructose	% saccharose
1	5,22	71	0,46	24,01	25,37	50,41
2	5,26	72	0,37	11,07	11,76	22,08
3	5,25	72	0,15	19,05	25,42	55,51
4	5,2	73	0,49	24,01	25,3	50,67
5	5,2	74	0,47	23,72	24,82	51,44
6	5,3	70	0,32	24,71	26,18	49,09
7	5,31	72	0,28	24,96	26,64	48,39
8	5,26	72	0,48	24,89	26,38	48,72
9	5,29	70	0,38	25,16	26,04	48,78
10	5,23	73	0,4	21,98	22,81	55,19
11	5,24	72	0,29	24,61	26,02	49,35
12	5,2	72	0,3	23,54	24,5	51,94
13	5,18	73	0,22	24,09	25,42	50,48
14	5,1	73	0,33	25,56	27,02	47,4
15	5,23	76	0,39	24,59	24,57	50,82
16	5,19	73	0,34	25,43	25,16	49,39
17	5,2	73	0,33	18,99	25,17	55,83
18	5,22	72	0,34	23,63	26,03	50,33
19	5,18	73	0,35	24,31	25,81	49,87
20	5,23	74	0,26	52,52	26,69	47,78
Ecart type	0,048	1,357	0,087	7,390	3,224	8,945
Moyenne	5,224	72,5	0,3475	24,541	24,855	48,674
Coefficient de variation	0,92	1,872	25,240	30,113	12,972	18,379
MIN	5,1	70	0,15	11,07	11,76	12,08
MAX	5,31	76	0,49	52,52	27,02	55,83

3.2.1. Le pH

Le pH est déterminé sur les échantillons préparés conformément aux normes tunisiennes (<u>NT52-21-1982</u>). On remarque que les pH varient entre 5.1 et 5.3. Ces pH sont acides et ces résultats sont proches de ceux trouvés par Suad et al. (2002) sur 3 variétés de dattes où elle a mentionné le chiffre de 5.11. En effet, l'analyse du coefficient de variation montre que les pH des différents échantillons sont homogènes. Ces pH pourraient être favorables au développement de la plupart des microorganismes, d'où l'existence d'un risque de contamination, il faut donc ajuster le pH à 4,5 en ajoutant l'acide citrique ou d'autres agents conservateurs pour éviter le risque et pour que le produit soit apprécié par le consommateur.

3.2.2. Le degré Brix

Les résultats montrent que les degrés Brix de sirop de dattes sont élevés (72.5°) et cela indique que la teneur en matière solide est élevée. Ce résultat est comparable avec celui d'Ogaidi *et al* (1983) où les valeurs sont de 72.8 °. Le coefficient de variation indique que les mesures de degré Brix des vingt échantillons sont homogènes. Ceci peut être expliqué par le fait que les sucres forment la majeure partie des éléments constitutifs du fruit du dattier. Ainsi, la cuisson aboutit à un sirop très concentré en sucre. Donc notre produit est de bonne consistance et aussi de bon pouvoir sucrant.

3.2.3. L'acidité titrable du sirop

L'acidité de sirop se situe aux alentours de 0,34 % et l'analyse de la variation entre les échantillons réfutent une hétérogénéité. Cette valeur est considérée faible par rapport aux résultats trouvés par Honig (1960) qui est de l'ordre de 1 %. Ceci pourrait être expliqué par le fait que cet auteur a préparé le sirop de datte par la méthode de concentration sous vide.

En effet, ces conditions sont favorables pour la multiplication des microorganismes donc on doit chercher à améliorer l'acidité de notre produit pour augmenter le temps de conservation, ainsi que la salubrité de notre produit.

3.2.4. Les teneurs en sucres réducteurs et non réducteurs de sirop de dattes

D'après les résultats trouvés on constate que le sirop est très riche en sucre. Ainsi, on remarque que le pourcentage de saccharose est plus élevé que celui de sucres réducteurs et on explique ça par le fait que les dattes Deglet Nour sont des variétés à saccharose. Ceci nous laisse penser à la réduction de ce sucre en sucres réducteurs (glucose et fructose) sous l'action de l'enzyme invertase pour améliorer le goût de notre sirop.

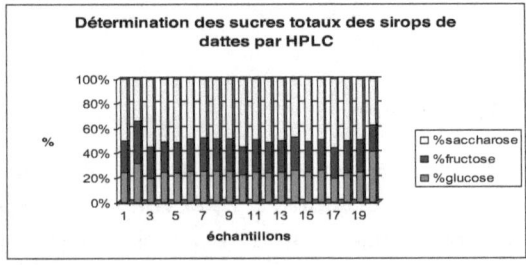

Figure 65 : Diagramme de fabrication de sirop de dattes selon la méthode optimisée au laboratoire

Il ressort de cet histogramme que la richesse des échantillons de sirops de dattes en sucres réducteurs atteint le niveau de l'échantillon 2 plus que 65 % de sucres totaux. Ces teneurs élevés des sucres réducteurs résultent de l'inversion physique du saccharose au cours de cuisson. En effet, le sirop des dattes forme un concentré inverti très utile surtout pour l'agroalimentaire.

3.2.5. Les teneurs en protéines totales de sirop de dattes

Il est à noter que la composition des écarts de triage de dattes est différente aux dattes fraîches.

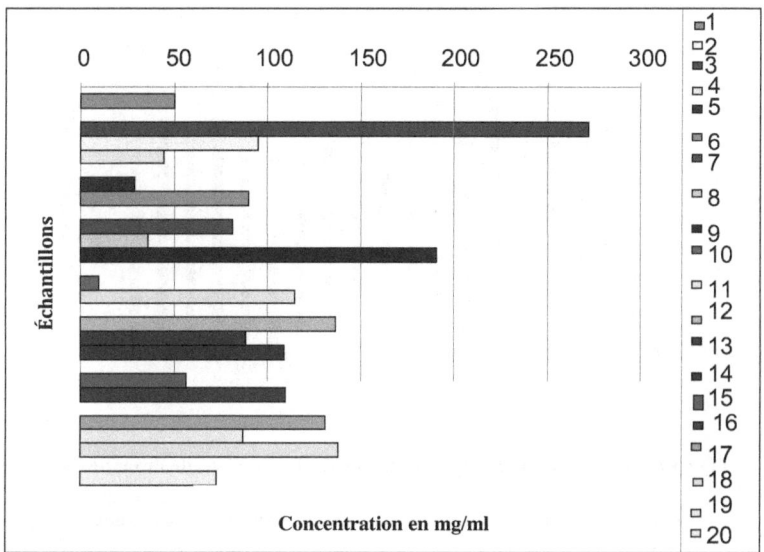

Figure 66:La teneur en protéines totales des différents échantillons du sirop de dattes en mg/ml

D'après la figure ci-dessus la teneur en protéines des échantillons étudiés dans notre travail est très variable, elle se situe entre 10 et 270 mg/ml. Ces résultats sont proches de ceux rapportés par Suad *et al*. (2002). Les sirops de datte ont des teneurs faibles en protéines et cela est expliqué par le fait que ces composants sont peu abondants dans la pulpe que le noyau qui est plus riche en protéines et en lipides (Dowsen et Aten, 1963). Cette teneur en protéines varie selon les variétés et surtout selon le stade de maturation des dattes. La baisse de la teneur en protéines dans le sirop 10 est expliquée par le fait que les protéines sont dénaturées sous l'effet d'un chauffage intense.

3.2.6. Les teneurs en éléments minéraux :

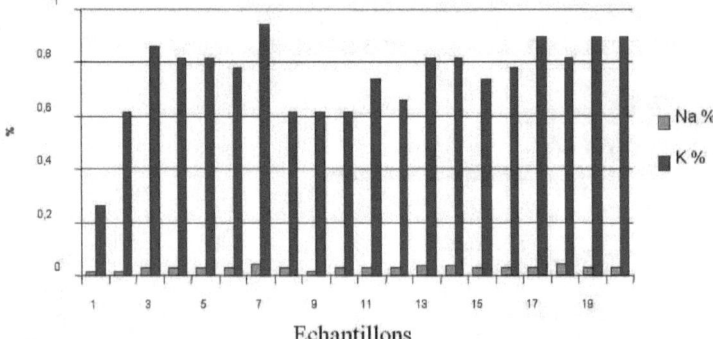

Figure 67: La teneur en sodium et potassium des échantillons de sirops de dattes

D'après les résultats indiqués sur l'histogramme on peut conclure que le sirop de dattes est riche en potassium, mais pauvre en sodium. Ces résultats corroborent ceux d'Al Hooti et al, (2002). Les fortes teneurs en potassium (K) caractérisent la composition des sirops de dattes en général, les sels minéraux peuvent, quant à eux, contribuer à la caractérisation d'une origine géographique particulière (Booij*et al,* 1992). Les teneurs en potassium et sodium semblent être homogènes entre eux.

3.3. Qualité microbiologique du sirop des dattes

La détection de la qualité microbiologique est obligatoire pour un produit agroalimentaire. Pour les échantillons de sirop étudiés, les valeurs de nos analyses sont portées dans le tableau ci-dessous.

Tableau 22: Dénombrement des colonies détectées au niveau des sirops élaborés.

Analyses microbiologiques				
Echantillons	Coliformes	Flore totale	Levures	moisissures
1	40	80	80	0
2	130	360	540	0
3	0	0	50	0
4	0	1500	30	0
5	0	520	30	30
6	0	700	10	10
7	0	560	40	30
8	0	160	50	0
9	90	230	280	0
10	50	820	70	40
11	0	720	100	0
12	0	560	10	10
13	0	680	40	20
14	0	80	70	40
15	0	20	20	0
16	0	380	30	0
17	0	240	80	10
18	0	760	60	0
19	0	170	20	0
20	0	880	30	0
Ecart type	35,758	374,037	122,371	14,31782
Moyenne	15,5	471	82	9,5
Coefficient de variation	230,701	79,41352	149,233	150,713
MIN	0	0	10	0
MAX	130	1500	540	40

3.3.1. Coliformes totaux et flore totale

Les résultats indiqués dans le tableau 22 sont obtenus avant l'opération de stérilisation et après cette dernière le sirop énergétique.

D'après, le tableau 11, on remarque que les nombres des colonies sont faibles et cela est dû à l'opération de cuisson à l'étape de concentration. Ainsi, on constate que la flore totale est plus résistante à la cuisson que les coliformes totaux, mais une opération de stérilisation pourrait être suffisante pour tuer tous ces microorganismes **NF ISO 7954/198** coliforme / g ou ml ; 500 : satisfaisant ; 1000 acceptable ; $> 10^4$: non satisfaisant. Flore / g à la production $<$ à 10 : satisfaisant mais à la consommation doit être $<$ à 10: satisfaisant.

3.3.2. Levures et moisissures

L'histogramme montre un nombre faible des colonies qui varie entre 0 et 80 colonies/ ml. Cela est expliqué par le fait que les levures et les moisissures sont des microorganismes sensibles à la température donc la cuisson à une grande température élimine ces derniers.

L'étude statistique des résultats obtenus indique que le dénombrement des germes levure et moisissure 540, 40 respectivement sont microbiologiquement acceptables car la norme **NF ISO 7954/198** exige que les germes de levures et de moisissures à la consommation doivent être $< 5 \cdot 10^2$.

3.4. Les analyses organoleptiques

3.4.1. Etude de la couleur

La détermination de la couleur est importante pour les produits agroalimentaires. Le tableau 21 montre les mesures effectuées sur les échantillons testés.

Tableau 23: Les mesures de la couleur des sirops préparés

Etude de couleur			
Echantillons	a*	b*	L*
1	0,57	2,57	34,91
2	0,12	2,21	34,62
3	0,35	2,36	34,84
4	0,11	2,04	34,88
5	0,3	1,91	34,89
6	0,7	2,35	35,05
7	0,28	1,71	34,33
8	0,06	1,67	34,2
9	0,27	2,58	36,71
10	0,44	2	36,53
11	0,33	2,83	37,32
12	1,38	3,53	37,03
13	0,2	3,47	39,03
14	0,25	2,16	35,42
15	1,59	3,44	37,35
16	1,96	4,18	37,99
17	0,04	3,44	37,57
18	0,37	4,85	41,05
19	0,88	4,75	40,34
20	0,11	3,62	38,57
Ecart type	0,54	0,972627	2,0284
Moyenne	0,52	2,8835	36,632
Coefficient de variation	104	33,73077	5,5374
MIN	0,04	1,67	34,2
MAX	1,96	4,85	41,05

- la coordonnée chromatique **L*** représente une mesure de la luminosité.

- la coordonnée **a*** indique les différences entre les tons rouge et vert.

- La coordonnée **b*** décrit les différences entre les tons bleu et jaune.

On remarque que les valeurs des coordonnées luminosité (l)* sont faibles et cela montre l'opacité du milieu qui s'explique par le traitement thermique des produits lors de l'étape de macération et de cuisson, ainsi le broyage et la nature de la matière première vont être également la cause de cet aspect.

Les coordonnées a* et b* sont positives et faibles, on peut affirmer donc que les produits comportent à la fois des particules jaunes et rouges. Ces résultats ont été confirmés d'avantage par El-Shaarrawy et Nakahal (1986) qui ont effectué une étude visuelle du sirop de dattes.

3.4.2. Evaluation sensorielle par jury des dégustateurs

Les résultats obtenus par l'enquête et les calculs effectués donnent les indications suivantes :

Tableau 24: Fiche d'évaluation sensorielle des sirops de dattes

Couleur	Odeur	Texture		Goût				Appréciation globale
Des dattes	Des dattes	Visqueuse	Rigoureuse	Des dattes	Sucré	Astringence	Acide	3.2
2.13	2.26	3.06	0	2.63	3.66	0.53	0.53	

L'analyse sensorielle a été réalisée au sein du centre de formation professionnelle de Kébili, spécifiquement aux élèves de formation spécialité « Pâtisserie » et leurs formateurs. Les résultats des analyses sensorielles ont montré que la couleur et le goût de datte de sirop sont moyennement appréciables (2.3 et 2.6) quant à la texture elle est assez visqueuse (3.06), la rugosité n'est pas caractéristique de notre produit (0) et la sucrosité est très caractéristique (3.6).

L'odeur des dattes est moyennement caractéristique (2.2), l'astringence et l'acidité sont faibles (0.5). Donc selon l'appréciation globale, cette préparation a été jugée comme assez appréciable, il peut être donc consommé directement en tant que sirop.

En ce qui concerne la couleur, l'odeur et le goût ne reflètent pas totalement celle de dattes, on peut expliquer cela par la réaction de Maillard qui se déclenche au cours de la cuisson et qui provoque l'assombrissement de la couleur, l'altération de l'odeur et de la saveur et afin d'atténuer ce problème nous pouvons recommander la cuisson à une faible température ou bien utiliser d'autres méthodes de concentration.

Au vue des résultats obtenus, il se dégage que les sirops issus d'écarts de triages de la variété Deglet Nour et ayant une composition en différentes classes sèche, grasse, demi-sèche et déchet) sont jugés assez appréciables mais d'une manière générale, les vingt sirops préparés lors de ce travail sont bien acceptés par le panel des dégustateurs.

3.5. Contribution de contenu d'écart de triage dans la qualité du sirop obtenu

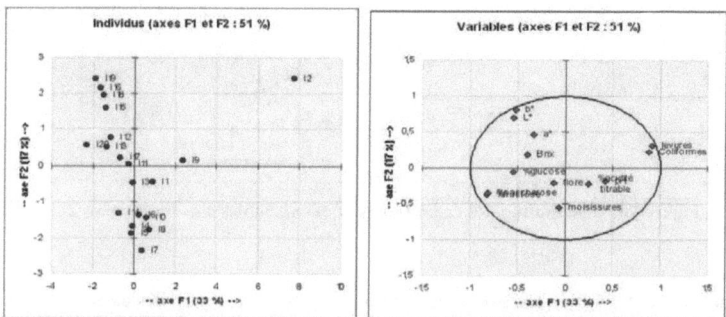

Figure 68 : Distribution des échantillons et des variables suivant les axes 1-2.

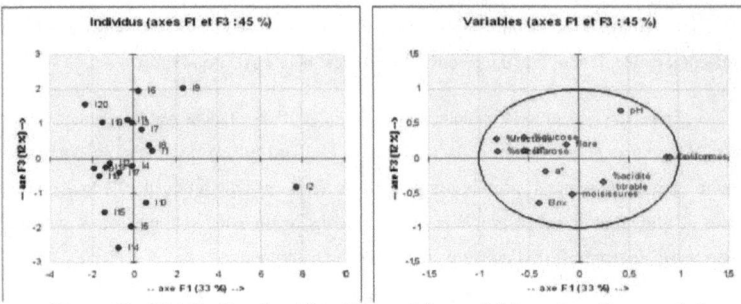

Figure 69 : Distribution des échantillons et des variables suivant les axes 1-3.

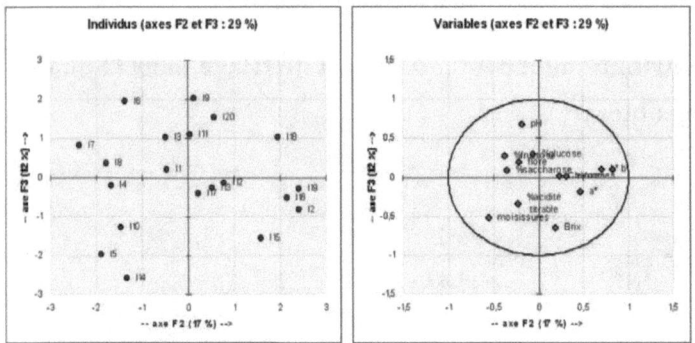

Figure 70: Distribution des échantillons et des variables suivant les axes 2-3

Tableau 25: Définition des axes et absorption de l'inertie de l'ACP des paramètres de qualité des sirops des dattes

	Axe1	axe 2	axe 3
% inertie	33%	17%	12%
Cumulé	33%	51%	63%
Variables	%glucose % fructose %saccharose Coliformes levures	a* b* l*	pH Brix Acidité titrable flore et moisissure
Echantillons (L)	L1, 2, 9, 11, 12, 13, 17,20	L4, 7, 8, 10, 15, 16, 18,19	L3, 5,6, 11, 14,15

En absorbant 33 % de l'inertie l'axe 1 présente les corrélations entre les échantillons de sirops de dattes suivants L1,2,9,11,12,13,17,20 et les variables % glucose, % fructose, saccharose Coliformes levures . L'axe 2 absorbe quant à lui 17 % d'inertie totale, il est corrélé avec les échantillons L4, 7, 8, 10, 15, 16, 18,19 et les variables correspondant sont a*, b* et l*. L'axe 3 explicite 12 % de l'inertie, il est défini par des corrélations entre les échantillons L3, 5,6, 11, 14,15 et les variables pH Brix, acidité titrable, flore et moisissure (Annexe 3).

L'analyse de ces résultats nous conduit aux observations suivantes

- les échantillons 15-16-18-19 présentent plusieurs particules rouges et jaunes et une forte luminosité. (a*, b* et L* élevés).

➜ L'observation du contenu de l'écart de triage de dattes montre qu'ils sont pauvres en dattes grasses et ont des teneurs moyennes en dattes {sèches et demi sèches}. En effet la présence de ce type de dattes augmente l'opacité de sirop car les dattes grasses ne supportent pas la cuisson prolongée ce qui favorise la réaction de caramélisation et de Milliard.

- Par opposition, les échantillons 4-7-8 et 10 se caractérisent par une faible luminosité et moins de particules rouges et jaunes.

➜ Ce sont des échantillons qui ont une teneur moyenne en dattes grasses et une teneur moyenne en dattes sèches et demi-sèches.

Donc la qualité de sirop de point du vue luminosité et couleur peut être corrigée en jouant sur le pourcentage des dattes grasses ajouté.

- Les échantillons 3-6-11 ont un pH élevé, une teneur de brix faible et acidité faible. Et de point de vue microbiologique connaissent une abondance de la flore et un nombre de colonie faible de moisissures.

➜ Ces échantillons montrent une teneur élevée en dattes grasses et une teneur moyenne en dattes sèches et demi sèches.

De même l'appauvrissement du contenu des écarts de triage en dattes grasses pourrait augmenter la teneur de Brix du sirop.

Les dattes grasses peuvent augmenter la luminosité, diminuer l'opacité et augmenter la teneur du sirop en sucre.

- Les échantillons 1-2-9 ont un % de glucose de fructose de saccharose faible et un nombre Coliformes et de levures élevé. L'écart de triage présente des teneurs moyennes en dattes grasses et en dattes {sèches et demi sèches}.

Les échantillons 12-13-17-20 ont un % de glucose de fructose de saccharose élevé et un nombre Coliformes et de levures faible. L'écart de triage présente des teneurs moyennes en dattes grasses et des teneurs élevées en dattes {sèches et demi sèches}.

➔ De ce fait on peut conclure que l'augmentation des pourcentages des dattes {sèches et demi sèches} dans les écarts de triage pourrait augmenter la teneur en% de glucose, de fructose et de saccharose et diminuer les coliformes et les levures.

Conclusion : Il ressort de cette étude que la qualité organoleptique peut être corrigée en jouant sur certains paramètres :

- La qualité visuelle du sirop est améliorée en jouant sur la teneur en dattes grasses.

- Le pouvoir sucrant et la qualité microbiologique du sirop sont améliorés en jouant sur la teneur en dattes sèches.

On peut donc penser à l'amélioration des sirops obtenus par l'inversion de saccharose afin d'obtenir un sirop inverti de meilleures caractéristiques physicochimiques et organoleptiques. Ces sirops possèdent pratiquement les mêmes critères organoleptiques de celui retrouvé par Akidi *et al* (1985).

3.6. Caractéristiques physicochimiques et comparaison des trois sirops étudiés (brut, inverti et de glucose commerciale)

3.6.1 Mesure de pH

Les moyennes de pH des différents échantillons de sirop sont représentées au niveau du tableau suivant :

Tableau 26: Mesures de pH des sirops de dattes et de glucose

	Sirop brut	Sirop inverti	Sirop de glucose	Std. Error
pH	5,23	5,37	4,6	0,112

Le sirop inverti possède un pH légèrement supérieur à celui de sirop normal et du sirop de glucose.

Les pH de sirops analysés ne sont pas conformes à la norme tunisienne **NT 52-21-1982** qui exige un pH à l'ordre de 4,5. Mais, ils sont proches aux mesures faites par **(Sghairoun, 2008)** qui ont montré que le pH de sirop normal varie entre 5,1et 5,3. Ces pH légèrement acides favorisent le développement des microorganismes et augmentent le risque de contamination.

➤ Il faut ajuster le pH de ces produits à une valeur proche de 4,5 en ajoutant par exemple l'acide citrique.

3.6.2. Teneur en matières solides solubles

Les degrés Brix moyens du sirop brut, inverti et de glucose sont illustrés sur l'histogramme suivant:

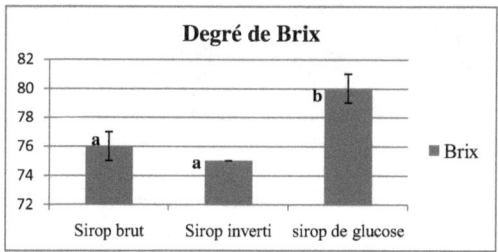

Figure 71: Les degrés de Brix moyennes des sirops

Avec: a et b désignent une différence statistiquement significative ($p < 0.05$)

Les teneurs en matières solides solubles de sirop brut, inverti de dattes et de glucose sont respectivement 76°, 75° et 80°. Ces valeurs sont élevées et acceptables et très proches de résultats des analyses trouvées par (**Al Farci, 2007**), qui ont été faites sur trois variétés de dattes (72°).Ceci peut être expliqué par le fait que les sucres forment la majeure partie des éléments constitutifs de dattes.

Ainsi, l'ANOVA montre qu'il existe une différence hautement significative entre le sirop inverti des dattes et le sirop de glucose alors que entre les 2 sirops de datte s'il n'y a pas de différence.

3.6.3. Mesure de l'acidité titrable

Les mesures de l'acidité titrable des sirops sont enregistrées sur l'histogramme suivant :

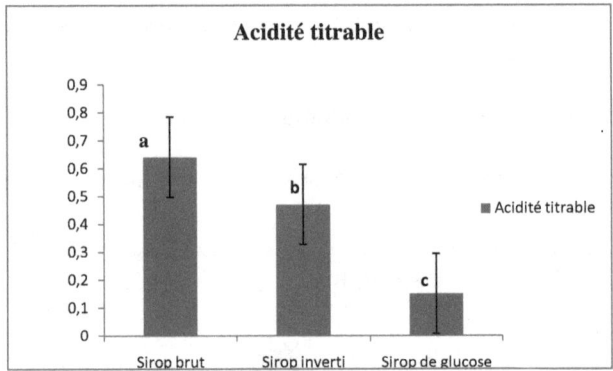

Figure 72: Les mesures de l'acidité titrable des échantillons étudiés

Avec: a, b et c désignent une différence statistiquement significative (p<0.05)

L'ANOVA montre qu'il existe une différence très hautement significative entre les 3 échantillons.

Les 2 sirops (brut et inverti) possèdent une acidité titrable respectivement assez élevée (0.64 > 0.47). Cela s'explique par la richesse de ces produits en acides organiques (les acides malique, citrique et oxalique contribuant à la flaveur des dattes fraîches, (Sghairoun, **2008**). Alors que, les valeurs de l'acidité titrable de sirop de glucose sont proches à celles trouvées par (**Honing ,1960**) qui est de l'ordre de 1% ce qui inhibe le risque de contamination.

3.6.4. Mesure de l'humidité

Les résultats de l'humidité des produits analysés sont représentés au niveau de l'histogramme suivant :

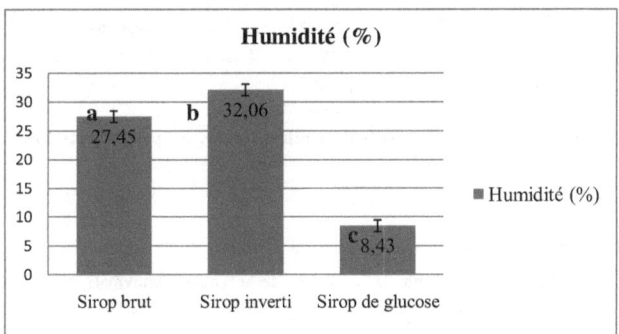

Figure 73: Les moyennes d'humidité des produits analysés

L'ANOVA montre qu'il y a une différence très hautement significative entre les 3 sirops analysés. En effet, le sirop inverti possède une humidité plus élevée que le sirop brut. Cette humidité serait due à l'hydrolyse du saccharose qui est responsable de rétention et d'absorption d'eau au niveau de sirop inverti. Du point de vue industriel, le sirop inverti a une structure plus molle et une moindre tendance à la cristallisation que le sirop normal, ce qui facilite son stockage et son emploi dans le secteur alimentaire.

3.6.5. Teneur en cendres totales

Les mesures des cendres totales sont illustrées sur la figure ci-dessous:

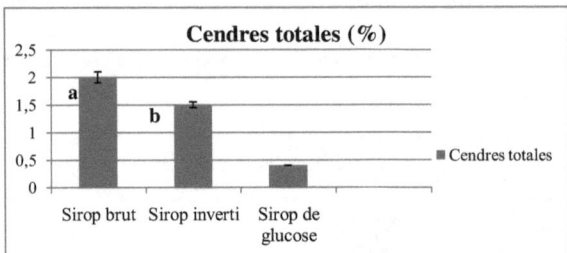

Figure 74: Les taux moyens de cendres totales des produits étudiés

Le sirop brut possède un taux de cendres totales (2%) supérieur à celui du sirop inverti (1,53%). Cela s'explique par la nécessité de la réaction enzymatique des catalyseurs minéraux.

En comparant le sirop inverti et le sirop de glucose, on remarque que le premier est plus riche en minéraux que le sirop de glucose qui renferme des quantités négligeables de cendres, de l'ordre de 0.4%. Ce dernier est proche à la valeur trouvée par les études effectuées par (**Mimouni et Siboukeur, 2011**).

3.6.6. Teneur en sucres totaux et réducteurs

La méthode de Fehling donne les résultats des teneurs en sucres présentés sur la figure 74 :

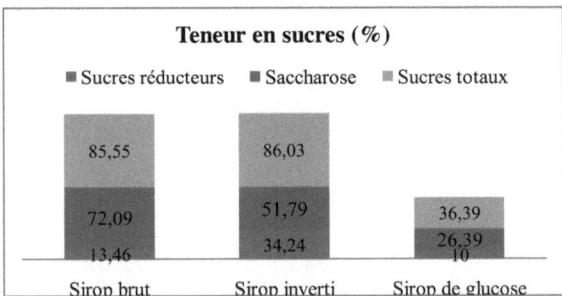

Figure 75: La teneur en sucres des sirops

Les analyses montrent qu'il n'existe pas une différence remarquable entre les teneurs moyennes en sucres totaux pour les 2 sirops de dattes.

Par contre, les produits à base de dattes possèdent des teneurs en sucres réducteurs (13.46% pour le sirop brut et 34,24% pour le sirop inverti) plus élevés que ceux de sirop de glucose (10%), ces résultats sont très proches à ceux trouvés par (**Abdel Kader, 2010**). Ce qui améliore le pouvoir sucrant et la texture, en évitant le phénomène de cristallisation du produit inverti. Ceci montre l'avantage de l'inversion du saccharose sur la qualité de sirop inverti.

Ces avantages cités intéressent d'une part, la santé humaine en particulier les diabétiques et d'autres, les industries qui utilisent les produits invertis lors de la production et du stockage des aliments. Par exemple, pendant le conditionnement et l'enrobage des dattes exportées, il est toujours plus apprécié d'utiliser des sirops invertis que des sirops originaux riches en saccharose.

Par contre, les résultats montrent que le sirop de glucose a une teneur en sucres plus faible que le sirop inverti.

6.6.7. Caractéristiques organoleptiques

3.6.7.1. Couleur

Les résultats sont notés dans le tableau suivant:

Tableau 27: Coordonnées chromatiques moyennes des sirops

Coordonnées chromatiques Produit	a*	b*	L*
Sirop brut	2,25	42,04	77,62
Sirop inverti	2,16	15,48	83,39
Sirop de glucose	0,97	1,46	89,18

Il n'existe pas une différence entre les valeurs moyennes de la composante a * pour les 3 échantillons ce qui indique la présence de la coloration des pigments rougeâtres. Alors que pour le sirop brut, la composante b* est supérieure à celle de sirop inverti et de glucose ce qui indique la présence des carotènes surtout en sirop brut.

On remarque que les valeurs des coordonnées luminosité sont élevées en particulier au niveau du produit inverti en le comparant avec celui non inverti, ce qui est expliqué par l'efficacité des opérations de clarification : la filtration et la centrifugation.

Mais, les valeurs de L* du sirop de glucose sont très supérieures à celles du sirop inverti, cela s'explique par l'effet de l'opération de clarification. Afin de corriger celles de sirop inverti, il suffit d'appliquer un traitement enzymatique en utilisant par exemple les enzymes suivantes : pectinase et cellulase.

3.6.8. Caractérisation des dattes enrobées

3.6.8.1. Caractéristiques morphologiques

- Le tableau ci-dessous récapitule tous les paramètres faits pour les échantillons étudiés afin de caractériser la graine de datte :

Tableau 28: Caractéristiques des graines des dattes analysées

	Poids fruits	Poids chair	Poids noyau	Chaires/noyaux
DESG 1	175,86	157,76	17,5	9,03
DESI 1	174,75	156,36	17,93	8,72
DESG 2	174,06	154,63	18,26	8,46
DESI 2	177,56	163,26	18	8,89
DN	160,9	142,5	17,8	8
Std. Error	7,625	6,737	0,851	0,286

Les résultats obtenus des dattes enrobées sont presque semblables. Ils sont proches aux résultats trouvés par (**Bouabidi et al, 1996**) pour la variété Deglet Nour.

L'ANOVA a montré que les dattes enrobées par les sirops et naturelles ne présentent pas de différence significative. Cela s'explique par la même variété et la même catégorie des dattes utilisées lors d'enrobage. Alors qu'on a une différence significative au niveau du rapport chaire /graine. . Cela s'explique par l'effet de l'enrobage sur les différentes dattes.

- Les résultats de dimensions des pulpes des dattes étudiées (longueur, largeur et épaisseur) sont groupés dans le tableau suivant :

Tableau 29: Caractéristiques de la pulpe des dattes enrobées et naturelles

	Longueur	Largeur	Epaisseur
DESG 1	3,72	1,75	0,43
DESI 1	3,77	1,8	0,425
DESG 2	3,88	1,87	0,47
DESI 2	3,88	1,79	0,37
DN	3,63	1,72	0,39
Std. Error	0,052	0,026	0,024

Il apparaît d'après le tableau ci-dessus que les dattes enrobées ont des largeurs, des longueurs et des épaisseurs plus importantes que les dattes naturelles. Alors, l'enrobage améliore le volume et le poids des pulpes.

De même, l'ANOVA montre qu'il existe une différence significative entre les 5 échantillons.

3.6.8.1. Caractéristiques microbiologiques

L'analyse microbiologique des différentes dattes montre la présence des coliformes totaux, de levures et de moisissures.

- **Dénombrement des coliformes totaux**

Les résultats des analyses faites aux dattes traitées sont portés dans le tableau ci-dessous :

Tableau 30 : Dénombrement coliformes totaux détectées

	DESG 1	DESI 1	DESG 2	DESI 2	DN
Nombre des colonies	227	72	149	23	251

La présence de coliformes totaux peut être considéré acceptable selon les normes **NF ISO 7954 / 198** qui s'établissent comme suit :

Coliforme / g ou ml : 500 : satisfaisant ; 1000 : acceptable ; $>10^4$: non acceptable

On remarque que les dattes enrobées puis séchées sont moins riches en coliformes totaux que celles séchées puis enrobées. Cela peut s'expliquer par l'effet de séchage qui permet de débarrasser de tous les germes intervenants lors de l'enrobage.

- **Dénombrement des levures et des moisissures**

Les résultats de dénombrement sont enregistrés dans le tableau suivant :

Tableau 31: Dénombrement de levures et moisissures détectées

	DESG 1	DESI 1	DESG 2	DESI 2	DN
Nombre des levures	>500	200	>500	53	10
Nombre des moisissures	>500	23	>500	13	100

La présence des levures et des moisissures peut être considérée acceptable pour les dattes enrobées par le sirop inverti des dattes (DESI 1 et DESI 2) selon les normes **NF ISO 7954 / 198** qui exigent que les colonies des levures et des moisissures doivent être inférieures à 5.10^2.

3.6.8.3. Caractéristiques physicochimiques

*Mesure de pH

Les valeurs de pH des dattes enrobées et naturelles déterminées, conformément aux normes tunisiennes **NT 52-21-1982**, sont présentées au niveau de la figure 75. Les mesures ont montré que les pH varient entre 5.4 et 5.8. Les échantillons étudiés sont légèrement acides.

L'ANOVA montre que les pH des différents échantillons ne présentent pas une différence significative, ils sont homogènes. Ces pH pourraient être favorables au développement de microorganismes et au risque de contamination. Il fallait donc ajuster le pH à une valeur proche de 4.5 en ajoutant l'acide citrique.

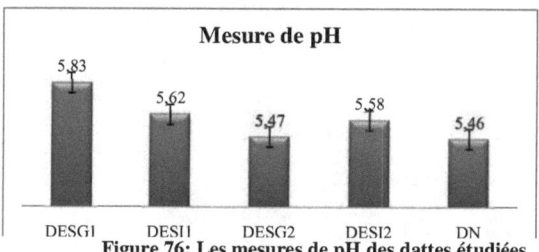

Figure 76: Les mesures de pH des dattes étudiées

* Teneur en matières solides solubles

Les résultats des mesures de taux des solides solubles sont enregistrés sur la figure suivante :

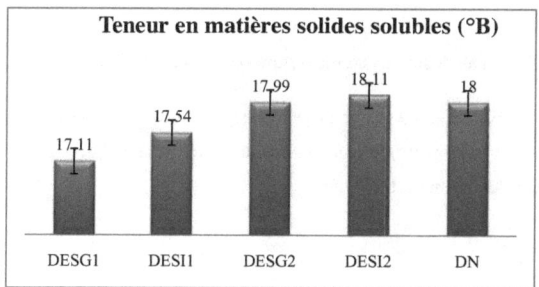

Figure 77 : Taux des solides solubles des dattes étudiées

Les résultats montrent que les degrés Brix des dattes sont aux alentours de 17° et cela indique que la teneur en matière solide est assez faible. Ainsi, l'ANOVA indique qu'il y a une différence significative entre les valeurs de degré Brix des 5 échantillons.

Ceci peut être expliqué par le fait que les sucres forment la majeure partie des éléments constitutifs du fruit du dattier.

*Mesure de l'acidité titrable

Les acidités titrables moyennes des dattes étudiées (traitées et naturelles) sont illustrées comme suit :

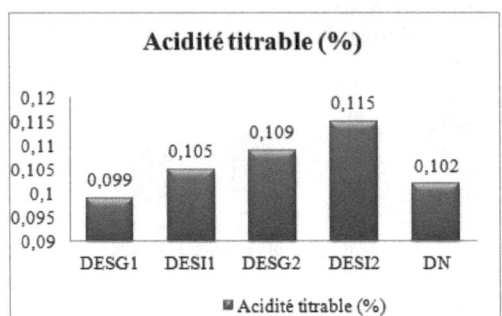

Figure 78: Les mesures de l'acidité titrable des dattes

L'acidité titrable renseigne sur l'état physique du fruit comme le pH. Une forte acidité est souvent associée à une mauvaise qualité des dattes. Comme il a été rapporté par (**Boojiet al, 1992**), le taux d'acidité de datte est proportionnel à la teneur en eau et donc inversement proportionnel au degré de maturité (**Dawson et Aten, 1963**).

D'après l'ANOVA, il n'y a pas de différence significative. Tous les résultats sont de l'ordre de 0.1%, ils sont largement inférieurs à ceux rapportés par (**Al Farci et al, 2007**) qui ont trouvé des teneurs s'étendant de 1,9 à 2,9%.

*Teneur en eau

L'eau est l'un des constituants essentiels du fruit. Elle a une importance fondamentale sur la qualité des dattes et elle agit sur sa conservation. Le tableau 30 présente les valeurs des teneurs en eau des échantillons étudiés.

Tableau 32 : Teneur en eau des dattes enrobées et naturelles

	Teneur en eau (%)
DESG 1	15,766
DESI 1	16,333
DESG 2	15,766
DESI 2	16,7
DN	13,6
Std. Error	0,473

Selon les normes **CEE-ONU DF-08 et le codex Alimentaires FAO/OMS CODEX STAN 143**, le taux d'humidité requis pour la commercialisation des dattes est de 30% pour la variété des dattes Deglet-Nour.

Les résultats obtenus ne sont pas conformes aux normes exigées dont la teneur en eau qui est comprise entre 13.6% et 16.7% est inférieure à 30%. Aussi, l'analyse statistique montre qu'il y a une différence significative entre les différents échantillons dont les dattes enrobées par le sirop inverti et séchées (DESI 2) ont la plus forte teneur (16.7%) que les autres. Cette teneur en eau est étroitement liée à l'humidité et le climat du milieu et les problèmes physiologiques (Le degré de maturité).

*Teneur en cendres totales

La figure 78 résume les valeurs des teneurs de cendres totaux des échantillons analysés. Ces valeurs sont comprises entre 0.6% et 1.7%. Cette importante valeur est enregistrée pour les dattes enrobées par le sirop inverti des dattes et séchées (DESI 2). Cela s'explique par l'utilisation du sirop des dattes subissant un traitement enzymatique qui possède une forte teneur en minéraux que le sirop de glucose. De même l'ANOVA montre qu'il y a une différence significative entre les dattes traitées et naturelles.

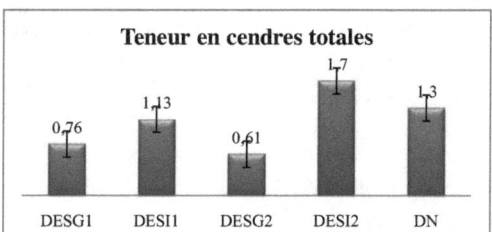

Figure 79: Les résultats de la teneur en cendres totales des dattes traitées

*Teneur en sucres totaux et réducteurs

Les taux des sucres obtenus et illustrés au niveau de la figure 79 sont proches de ceux trouvés par **(Hajji et al, 2006)** pour la variété Deglet-Nour.

Pour les dattes enrobées, on note une augmentation nette des sucres réducteurs et au contraire, une diminution des concentrations de saccharose. Les concentrations des sucres totaux ont enregistrées une augmentation pour les différents échantillons traités. Ces différences sont dues à la présence du film d'enrobage qui a contribué à l'élévation des concentrations des sucres réducteurs et totaux.

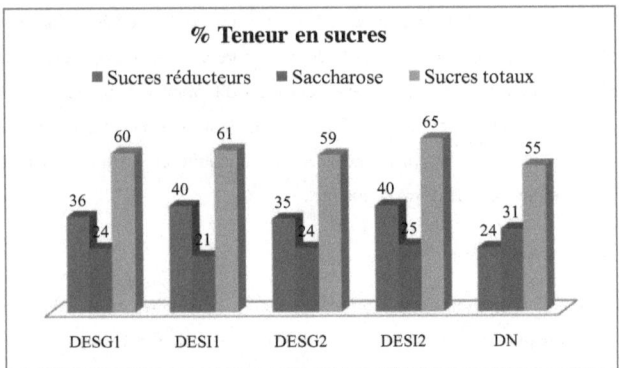

Figure 80: Teneur en sucres pour les dattes traitées et naturelles

*Mesure de l'activité de l'eau

L'activité de l'eau conditionne la vitesse et l'intensité des réactions chimiques (oxydation, réaction de Maillard), des réactions enzymatiques, le développement et la physiologie des micro-organismes (**Multon, 1982**). Les conditions favorables à la formation des moisissures et à la croissance des microbes sont directement influencées par la valeur Aw.

Les résultats obtenus pour les dattes étudiées (figure 80) sont compris entre 0.327 et 0.397 dont les DESI 2 possèdent la valeur la plus faible (0.327). Plus la valeur Aw est faible, plus la croissance microbiologique est inhibée et plus la conservation des dattes est meilleure. Donc Les dattes enrobées par le sirop inverti et séchées sont plus aptes à la conservation que les autres dattes.

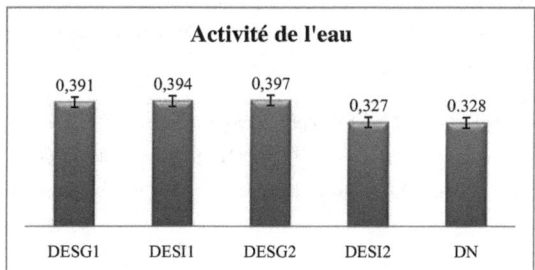

Figure 81: Les mesures de l'activité de l'eau des dattes analysées

*Caractéristiques organoleptiques

**Couleur

La figure suivante présente les valeurs des coordonnées L*, a*, b* des dattes naturelles et enrobées.

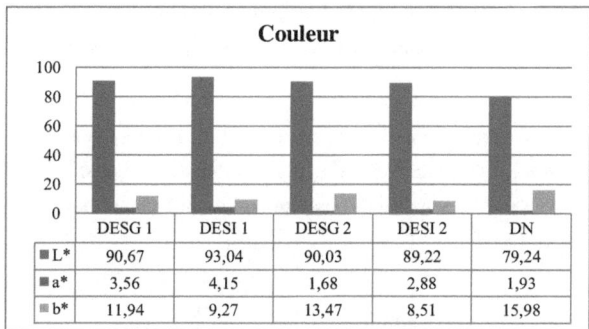

Figure 82: Les coordonnées chromatiques des échantillons étudiés

L'ANOVA indique qu'il n'y a pas une différence significative entre tous les paramètres de la couleur.

Les valeurs L* sont comprises entre 79 et 93. Ces valeurs sont nettement supérieures à celles trouvées par (**Hajji et al, 2006**). Ces différences peuvent être dues aux différences des variétés utilisées et du film d'enrobage.

Ainsi les valeurs a* et b* sont comprises respectivement entre 1,9 et 1,1 ; 8,5 et 15,9. Ces valeurs sont proches à celles trouvées par (**Hajji et al, 2006**). Ces coordonnées chromatiques reflètent la présence des pigments jaunes (carotènes) et des pigments rouges.

*Tendreté

Selon la norme **CEE- ONU DDP-08**, la tendreté d'un fruit est liée à son stade de maturité et peut dépendre de sa variété comme de sa région de production et de ses conditions de croissance. Les dattes sont dites matures lorsqu'elles présentent une tendreté supérieure ou égale à 4.

L'analyse statistique de la tendreté ne montre pas une différence significative entre les différentes dattes (traitées et naturelles) ou les valeurs obtenues qui sont enregistrées au niveau du tableau suivant (tableau 31) sont comprises entre 4,2 et 5,1.

Les dattes enrobées par le sirop inverti et séchées présentent la valeur la plus élevée (5.1) cela veut dire qu'elles ont une meilleure tendreté et elles sont plus moelleuses que les autres échantillons.

Ces dattes sont plus matures et elles ont une bonne appétence que les autres dattes. Cela peut s'expliquer par l'effet de sirop inverti des dattes sur ces dernières.

Tableau 33: Mesures de tendreté des échantillons étudiés

Echantillon	% tendreté
DESG 1	4.2
DESI 1	4,76
DESG 2	4,84
DESI 2	5.1
DN	4,79
Std. Error	0,324

Conclusion

Nous avons pu produire un sirop de dattes à partir des écarts de triage des dattes en utilisant l'invertase. Les analyses effectuées sur les sirops étudiés prouvent que le sirop inverti de dattes présente une meilleure qualité nutritive importante puisqu'il est plus riche en sucres totaux (65%) que le sirop brut et celui de glucose.

Quatre types d'enrobage ont été examinés (DESG 1: dattes séchées et enrobées par le sirop de glucose, DESI 1: dattes séchées et enrobées par le sirop inverti de dattes, DESG 2: dattes enrobées par le sirop de glucose et séchées, DESI 2: dattes enrobées par le sirop inverti de dattes et séchées). Les dattes traitées ont été comparées aux dattes naturelles. Les résultats trouvés pour les dattes enrobées ont montré que les dattes enrobées par le sirop inverti puis séchées (DESI 2) contiennent une quantité importante des sucres réducteurs (25% > 24% >21%). Ces résultats pourraient s'expliquer par la présence du film d'enrobage qui a contribué à l'élévation des concentrations des sucres réducteurs et totaux de 55% à 65%. En plus de la valeur énergétique élevée apportée par les sucres, ces produits renferment d'autres nutriments essentiels pour l'organisme : tel que les minéraux qui sont d'ordre 1.7% pour les DESG 2 et les autres entre 0.6% et 1.3%. De même les produits traités par le sirop de glucose (DESG 2) répondent aux exigences microbiologiques.

Ils présentent une importante teneur en matière solide soluble (18.11° pour les DESG 2 et entre 17.11° et 17.99° pour les autres) ce qui donne aux produits l'avantage d'être à l'abri de toute contamination. Plus la teneur en eau du produit est forte, plus ce produit est moelleux, c'est le cas des dattes enrobées par le sirop inverti et séchées (DESI 2).

Les produits enrobés par le sirop inverti de dattes et séchés sont de meilleure valeur nutritive que les produits séchés puis enrobés soit par le sirop inverti soit par le sirop de glucose. Toutefois, il reste à mieux stabiliser ces produits en améliorant quelques paramètres tels que le pH, l'acidité titrable, l'activité de l'eau…. afin d'augmenter sa valeur marchande et son appréciation par les consommateurs.

Il serait donc intéressant de poursuivre ces travaux en testant l'application du sirop inverti des dattes sur divers produits alimentaires et en plus, on peut améliorer la qualité des dattes enrobées par le sirop inverti des dattes.

Chapitre 5 :
Compostage des sous produits du palmier dattier

1. Introduction

En Tunisie, le palmier dattier joue un rôle très important sur le plan socioéconomique et écologique. C'est un arbre fruitier préoccupant le sud tunisien et couvrant une superficie de 40081 ha. Ce secteur compte environ 6000000 pieds assurant une production totale de 194000 tonnes soit 5% de la production nationale agricole annuelle et 11% des exportations agricoles (GIF, 2012).

Devant cet effectif extensif, de grand tonnage de déchet apparaît au niveau des oasis et des usines de conditionnement de dattes. Cependant, ces sous produits ne sont pas correctement valorisés, toutefois ces déchets sont riches en matières organiques et en substances énergétiques très importantes. L'exploitation reste encore limitée à l'alimentation des animaux, au chauffage, à la construction des cabanes et des produits artistiques (Munier, 1973). Ces sous produits sont essentiellement les palmes, les régimes, les hampes florales. Selon Sghairoun et al. (2005), la palmeraie tunisienne dispose de 4.339.330 palmiers qui pourraient fournir 54718,95T/an de palme sèche, 211368,76T/an de palme verte, 5077.01T/an de lifs, 193968.051T/an de régime sec, 119765.508T/an de régime vert, 125406.637T/an de bractée ou glaich, 90844.908T/an de fruit écarté.

En effet, il sera judicieux de bien exploiter ces déchets en les transformant en d'autres produits à haute valeur ajoutée. Dans ce cadre, le compostage peut être considéré parmi les voies d'exploitation les plus prometteuses, puisque, l'utilisation du compost peut contribuer à :

o l'amélioration de la fertilité et de la qualité du sol au Sud de la Tunisie qui est essentiellement un sol sableux, pauvre et peu évolué.

o la lutte contre la dégradation des terres par l'utilisation irrationnelle des engrais chimiques.

o l'orientation nationale vers une culture biologique correspondant aux normes demandées à l'échelle internationale.

En plus de ces niveaux d'application, le compost pourrait être exploité aussi dans les aires proches des oasis à savoir les pépinières de recherche, de production des plants forestiers, de culture maraîchère et de cultures géothermales.

Ce travail vise l'évaluation de la qualité physico-chimique et microbiologique du compost issu des sous produits du palmier dattier et préparé par le procédé en fosse.

2. Matériel et méthodes

2.1. Site expérimentale

Notre étude a été réalisée à la parcelle expérimentale d'Atilet appartenant à l'Institut des Régions Arides et située dans la région de Djemna à 22 km du gouvernorat de kébili ayant les coordonnées Lambert suivantes (37 ° 31.40 de latitude; 7 ° 47,00 de longitude; 30 m au-dessus du niveau de la mer (la Figure 79). Ce site qui appartient au climat saharien avec une température moyenne mensuelle qui varie entre 32°C (mois de juillet) et 9.6°C (mois de Janvier). La pluviométrie annuelle est inférieure à 100 mm/an. Les études pédologiques élaborées par l'arrondissement du sol « CRDA » de Kébili ont montré que le sol est dans son ensemble un sol peu évolué à pouvoir de stockage de l'eau très faible avec une texture sableuse grossière. Ces sols présentent des taux de matière organique très faible ce qui nécessite une correction par l'ajout d'amendement organique. La station couvre une superficie totale de 15 ha et comporte 942 pieds de palmier dont 90 % « Deglet Nour» et 43 variétés communes. Le choix de la parcelle est exclusivement stratégique vue qu'elle renferme grossièrement l'ensemble des techniques culturales de l'agro-écosystème oasien (volumes d'irrigation, densité de plantation, nettoyage...).

Figure 83 : Site d'expérimentation Atilet : compostage des sous produits du palmier dattier

2.2. Matière organique utilisée

Il s'agit essentiellement des palmes vertes plus quelques hampes florales issues de la taille du palmier dattier de la parcelle expérimentale d'Atilet.

Avant leur incorporation dans le mélange, ils ont été broyés pour faciliter l'homogénéité du mélange et accélérer le processus du compostage.

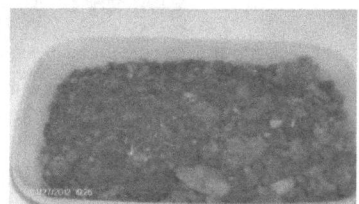

Figure 84 : Les sous-produits des oasis.   **Figure 85: Le fumier des ovins.**

2.3. Préparation de compost

Dans notre travail le compost est à la base des sous produits des palmiers dattiers qui sont essentiellement des palmes vertes et quelques hampes florales. Ces déchets subissent un broyage puis un trempage suivi d'une homogénéisation avec le fumier ovin (2/3 de déchets des sous-produits oasiens + 1/3 de fumier ovin) afin d'accélérer le processus du compostage par une fermentation après l'andainage dans des fosses : disposition en andains de 0.8 m à 1.5 m de hauteur, 1m de largeur et d'une longueur de 3 m. L'aération et la réhumidification du compost ont été faites par un retournement et un arrosage périodique jusqu'à maturation. L'aération du compost a été améliorée en laissant un vide au niveau de l'une des extrémités de la fosse.

Les figures ci-dessous illustrent les principales étapes du processus du compostage préconisé lors de notre expérience:

Figure 86: Broyage des déchets, cette opération permet d'augmenter la surface d'attaque par les microorganismes décomposeurs et d'accélérer le processus du compostage

Figure 87 : Trempage du broyat dan un bassin pendant 4 à 7 jours afin de faciliter la fermentation du broyat

Figure 88 : La mise en place du mélange dans des fosses ayant une longueur de 3 m une hauteur de 1.5m et une largeur de 1m. La proportion utilisée est 2/3 déchets et 1/3 de fumier ovin.

2.4. Echantillonnage

L'échantillonnage est réalisé selon la norme française (**NF U 44-101**), comme suit :

➢ Mélanger bien le produit.

➢ Éliminer tous les parasites qui peuvent être présents dans le compost.

➢ Tamisage si nécessaire.

➢ Prendre un échantillon représentatif.

A fin d'évaluer la qualité de notre compost des tests physico-chimiques, biologiques et microbiologiques ont eu lieu.

2.5. Analyses physico-chimiques

Lors de compostage, la décomposition des matières organiques s'effectue, comme dans les sols, suivant des transformations naturelles. Nous avons commencé, tout d'abord, à déterminer les caractéristiques physico-chimiques qui influencent l'activité des microorganismes. Les résultats sont confrontés avec les normes nationales et internationales (OMS, NF, NT, ISO, AFNOR). Le tableau 32 illustre la Norme NF U44-095.

Tableau 34 : **Contenu de la Norme NF U44-095 (Soudi, 2001)**

Eléments	Teneurs limites (Mg/Kg M.S)
As	18
Cd	3
Cr	120
Cu	300
Hg	2
Ni	60
Pb	180
Se	12
Zn	600
PH	Proche de 7
C/N	Entre 15 et 8
Germes	Valeur limite
Recherchés	(germes/g M.B)
Coliformes Totaux	10^5 germes/g M.B
Streptocoques Fécaux	10^4 germes/g M.B
Echerichio Coli	10^4 germes/g M.B
Samonelles	Absence dans 1g de M.B

2.5.1. Mesure de pH

Le pH est mesuré selon la norme française (**NF EN 12176, 1998**). On détermine par le méthode de pâte saturée ,300g d'échantillons mis dans une étuve à une température de 105°C pendant 24heures ,puis 100g de l'échantillon séché mis dans 250 ml d'eau distillée et laissé pendant 24 heures. Une filtration sous vide pour récupérer le filtrat à tester. Les mesures de pH sont effectuées par un pH-mètre de type HANNA.

Figure 89 : **Les étapes de mesure de pH.**

2.5.2. Détermination de l'humidité

Elle consiste à mettre un échantillon de compost de 100 g dans une étuve réglée à une température de 105°C. La matière sèche est déterminée, après 24h, par une balance de précision 1/1000.La teneur en eau est alors exprimée en pourcentage de masse :

%H= ((MF-MS)/MF*) 100

Avec :

-MF : masse fraiche de l'échantillon.

-MS : masse sèche de l'échantillon.

2.5.3. Détermination de la conductivité électrique

La conductivité électrique est mesurée par une patte saturée. Cette dernière est obtenue par agitation de 100 g du compost dans 250 ml d'eau distillée. La lecture est faite par un conductimètre du type UNOLAB WTW à affichage digital.

2.5.4. Détermination de la salinité

Elle a été réalisée selon la norme internationale **ISO 11265 (1994).**

La salinité calculée selon la relation suivante :

S (g /l)=conductivité*0.64

2.5.5. Détermination de la densité sèche(DS)

La densité est déterminée sur 100 g de compost .Après un séjour de 24 h à 70°C, l'échantillon est mis dans une éprouvette graduée pour mesurer le volume occupé par l'échantillon.

La densité sèche est calculée alors comme suit :

D=m /v

Avec :

-D : densité sèche.

-m : masse de l'échantillon en g.

-V : volume de l'échantillon en ml.

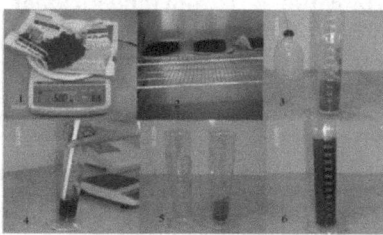

Figure 90 **: Les étapes de détermination de la densité sèche.**

2.5.6. Détermination de la matière organique totale (MOT)

Elle se fait selon la norme française (**NF.76.04, 1983 ; cité par ITAB 2001**).Après évaporation de l'échantillon (M=10g) à 105°C, on place les creusets en porcelaine contenant la matière sèche dans un four à moufle à 550°C pendant 4h.

Figure 91 : Les étapes de la détermination de MOT.

La matière organique (MOT) est déterminée par un simple calcul de la différence entre la matière sèche MS et la matière minérale MM.

MOT (%) = ((MS-MM)/MS)*100

Les résultats sont exprimés en pourcentage de la matière sèche.

2.5.7. Détermination du carbone organique total (COT)

La détermination du carbone organique totale (COT) a été réalisée d'après la norme internationale **ISO 10694 :1995(F)**, le carbone organique total (COT) est calculé a partir de la matière organique totale (MOT) selon la formule suivante :

COT(%) = MOT/1.76

2.5.8. Détermination de l'azote total kjeldahl

L'azote total est déterminé selon l'opératoire suivant :

- Minéraliser l'échantillon : (après tamisage avec un tamis à mailles de 500μ)

  - Introduire 0,1 g de l'échantillon dans un tube de minéralisation (matras).

  - Ajouter 7 ml d'acide sulfurique concentré (H_2SO_4 ; d=1,83 ; 0,1 N).

- Laisser réagir pendant 30 min.

- Ajouter 0,5 g de thiosulfate de sodium ($Na_2 S_2 O_3$, 5 $H_2 O$).

- Laisser réagir pendant 15 min.

- Ajouter 3ml d'acide sulfurique (0,1N)

- Ajouter 0,2 g de catalyseur (100 g de sulfate de potassium k_2SO_2 + 20 g de sulfate de cuivre Cu_2SO_4 + 2g de sélénium).

- Ajouter 50 ml d'eau distillée + 50 ml d'hydroxyde sodium (NaOH : 300 g/l).

- Laisser refroidir.

- Distiller et doser.

- Introduire la sortie du réfrigérant dans un erlenmeyer de 250 ml contenant 50 ml d'acide borique ($H_3 BO_3$) ; teintée de 2 gouttes d'un indicateur coloré de pH à virage 5,1(rouge de méthyle et bleu de méthylène).

- On démarre la distillation avec l'appareil de Kjeldahl en ouvrant le robinet d'entrée de la vapeur d'eau.

• Le dosage se fait par l'acide sulfurique 0,01 N

- L'ammoniac libéré est récupéré dans la solution de mélange d'indicateur et d'acide borique ;

- L'eau est utilisée pour l'essai blanc.

NTK(%)= ((V1-V0)/PE*C*14)*100

Avec

-V0 : volume en ml de H_2SO_4 utilisé pour la titration de l'essai blanc.

-V1 : volume en ml de H_2SO_4 utilisé pour la titration de l'échantillon.

-C : normalité de H_2SO_4 pour le titrage de l'ammoniac.

-P.E : prise d'essai de l'échantillon en g.

2.5.9. Métaux lourds

Les métaux lourds et les éléments majeurs ont été dosés selon la norme française (NF X 31-147) et la norme de l'AFNOR 40-041.La présente norme a pour objet de décrire une méthode de mise en solution des éléments suivants : Aluminium (Al), cadmium (cd), lithium (Li), phosphore (P), plomb (Pb), Nickel (Ni), etc.

a. Principe

La méthode de fluorescence par rayon X consiste à mesurer l'émission atomique par une technique spectroscopique optique. Les échantillons sont nébulisés et l'aérosol ainsi produit est transporté dans une torche à plasma où se produit l'excitation. Les spectres d'émission automatique des rais caractéristiques sont produits par un plasma induit de haute fréquence. L'intensité des rais est évoluée par des détecteurs. Les signaux des détecteurs sont traités et pilotés par un système informatique de la correction du bruit de fonds.

- **Expression des résultats**

Les éléments majeurs sont déterminés par l'équation suivante :

$$C \ en \ mg/l = [Cm\text{-}Cb]*FD*Vc/Vb$$

Avec :

Cm : concentration de l'élément dans le blanc des réactifs lue en mg/l.

FD : facteur de dilution.

Vb : volume de la prise d'essai

VC : volume d'enfilage (absorber).

Les métaux lourds sont obtenus selon la formule suivante :

$$[ML] \ mg/l = \frac{(Cm\text{-}\underline{Cbl})*Vn*FD}{Vs}$$

Avec :

Vn : volume de la fiole jaugé en ml.

Vs : volume de l'échantillon à analyser en ml.

Cm : Concentration du métal exprimé en mg/l lue sur la courbe d'étalonnage.

FD : facteur de dilution.

CbL : concentration de l'élément dans le blanc des réactifs.

2.5.10. Rapport C/N

Le rapport C/N est déterminé à partir de la teneur en matière organique et l'azote total. Il faut donc mélanger judicieusement ces deux types de matériaux pour avoir un bon rapport Carbone /Azote; ce rapport doit être théoriquement entre 20 et 30. Cela ne veut pas dire qu'il faille 20 à 30 fois plus de matières carbonées que de matières azotées. Il faut que la quantité de carbone (C) soit 20 à 30 fois plus importante que la quantité d'azote (N) en fonction de leur composition chimique *voir Tableau 33.*

Tableau 35: Rapport C/N de substrat. (Mustin 1987)

Matière	C/N
Ordures ménagères b.utes	15 à 25
Boues activées	6
Gazon	10 à 20
Feuille morte	20 à 50
Fanes de pomme de terre	26
Sciures de bois	150 à 511
Algues marines	17
Papiers cartons	120 à 170
Déchets de légumes	11 à 12
Tailles d'arbustes	50 à 100
Pailles des céréales	90 à 120

2.6. Evaluation de la qualité biologique du compost

2.6.1. Effet du compost sur la germination

Ce protocole est inspiré des méthodes de **Greene et al (1989) et de l'ASTM(1994)** qui vise la détermination de l'inhibition de la germination et de la croissance des semences des végétaux. L'évaluation du compost est faite à travers l'étude de quelques plantes moyennement sensibles à la salinité du milieu à savoir : melon, pastèque, tomate, et concombre. Ces plantes se caractérisent par une efficace aptitude de multiplication, une caractéristique permettant de tester à bien notre compost.

❖ *Test in vitro* :

La germination a été faite sur des boites de pétri. Avant leur mise en germination, les semences sont désinfectées pendant 5 minutes dans l'eau de javel commerciale diluées à raison de la moitié puis lavées abondamment à l'eau courante et enfin à l'eau distillée. La germination est conduite dans une enceinte climatisée à l'obscurité .Des boites de Pétri de 8.5 cm de diamètre sont utilisées. Ces boites sont tapissées d'une couche de coton avec 10 ml d'eau distillée.

Chaque boite de Pétri reçoit 5 graines, les répétitions sont au nombre de 5. Le test in vitro permet de déterminer l'aptitude germinative des graines dans des conditions optimales.Une graine est considérée germée lorsqu'elle émerge une radicule de 1mm de long.

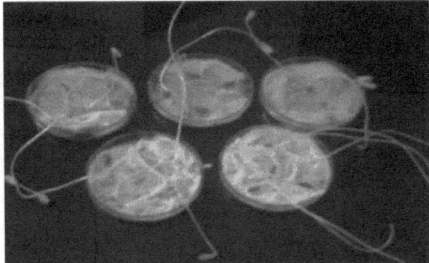

Figure 92 : Test de germination in vitro.

Ce procédé étant appliqué sur toutes les plantes objet d'étude, le taux de réussite est exprimé comme suit :

Taux de germination = (NGG / NGT)* 100

NGG : Nombre des graines germées.

NGT : Nombre des graines totales.

❖ *Test in vivo* :

Le suivi de la germination est réalisé dans des pots remplis par deux substrats (S0 et S1). Dans le cas de semence, on sème 5 graines de melon par pot (figure 91).

S0 : 100% compost

S1 :100% sable dunaire

Figure 93 : Test de germination in vivo.

2.6.2. Analyses agronomiques

- Morphologie de melon :

La caractérisation morphologique d'une variété de référence « Golda » a été réalisée par la mesure des paramètres suivants :

- Nombre des feuilles.

- Longueur de la tige : mesurée à l'aide d'un mètre flexible, l'unité de mesure est le cm.

- Diamètre de la tige : mesuré à l'aide du pied à coulisse (en cm).

- Masse fraiche : on pèse la plante toute entière à l'aide d'une balance de précision. Le poids de la plante est mesuré en (g).

- Masse sèche : les plantes sont chauffées à l'aide d'une étuve de type BINDER à une température 80°C pendant 24 h.

La matière sèche est déterminée par la formule suivante :

% MS = (MS / MF) * 100

- Dosage de chlorophylle :

Nous avons utilisé pour l'extraction de la chlorophylle, la méthode établie par **HOLDEN (1965).**

On pèse 1 g de feuille qu'on coupe en petits morceaux et qu'on broie dans un mortier avec 20 ml d'acétone à 80% (CH_3COCH_3) et une pincée de carbonate de calcium ($CaCO_3$). Après broyage total, la solution est filtrée et conservée à l'obscurité dans des boites noires pour éviter l'oxydation de la chlorophylle par la lumière. Le dosage se fait par le prélèvement de 3 ml de la solution dans la cuve à spectrophotomètre.

En fin la lecture se fait aux deux longueurs d'ondes 645 et 663 nm, et l'étalonnage de l'appareil se fait par la solution témoin d'acétone à 80%.

Les résultats sont déterminés par les équations suivantes :

$Ca = 12, 7 * A_{663} - 2, 6 * A_{647}$

$Cb = 22, 9 * A_{647} - 4, 68 A_{663}$

$CPT = Ca + Cb$

Avec :

Ca: chlorophylle (a).

Cb: chlorophylle (b).

CPT : chlorophylle totale.

A : Absorbance.

2.7. Analyses microbiologiques

- Préparation des échantillons :

Pour chaque échantillon on réalise une dilution de 1/10 et ceci en mélangeant 1 ml de l'échantillon avec 9 ml d'eau peptonée. Il est à noter qu'il faut appliquer la même méthode d'ensemencement pour tous les échantillons, de plus, le travail doit être effectué dans des conditions stériles (sous la hotte et en présence de Bec Bunsen). Les étapes de préparations des échantillons sont les suivantes :

- On place le test pétri film sur une surface plane, puis on soulève le film supérieur et à l'aide d'une micropipette tenue perpendiculairement on dépose 1 ml de l'échantillon dilué au centre de film inférieur ;

- On recouvre délicatement avec le film supérieur de manière à éviter l'introduction de bulle d'air ;

- On étale l'échantillon par le diffuseur et on attend 1 min pour permettre de se solidifier ;

- On incube les pétri film dans l'étuve, film supérieur vers le haut ;

- Le comptage se fait à l'aide d'un compteur électronique (Figure 92).

Recherche et identification de coliformes totaux :

L'AOAC et FDA définissent les coliformes comme des bâtonnets gram négatifs produisant de l'acide et des gaz par fermentation de lactose.

- ❖ Milieu de culture : c'est un milieu sélectif de type VRBL (Violet Red Bie Lactose), composé de sels biliaires, de cristal violet et de rouge neutre, d'un agent gélifiant soluble dans l'eau froide et d'un indicateur coloré facilement lisible.

❖ Temps d'incubation : 24 heures.

❖ Température d'incubation : 30°C.

❖ Dénombrement des colonies : on compte les colonies rouges gazogènes ou non gazogènes et on multiplie par le facteur de dilution par un compteur de colonies.

Détermination de levures et moisissures :

Les levures possèdent une forme ovale, de contour bien défini et de couleur beige rosé à bleu vert et ne présentant pas un centre de couleur intense .Les moisissures sont des larges colonies aux contours diffus et le centre présente une couleur intense.

❖ Milieu de culture : c'est un milieu de culture prêt à l'emploi qui contient des éléments nutritifs, des antibiotiques, un agent gélifiant soluble dans l'eau froide et un indicateur qui facilite la lecture des résultats.

❖ Temps d'incubation : 3 à 5jours

❖ Température d'incubation : 25°C.

❖ Dénombrement des colonies : on compte les colonies vertes ou bien beiges .Si le nombre de colonies est >150, donc on fait une estimation par comptage dans un carreau (1cm) et on multiplie par 30, puis par le facteur de dilution à fin d'obtenir le nombre total sur le pétri film (30 cm^2).

Le nombre est considéré incompatible si le nombre réel est >10^4 ou 10^6

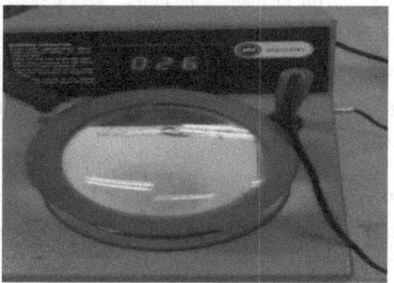

Figure **94 : Compteur des colonies.**

2.8. Analyses nématologiques

Parmi les problèmes phytosanitaires les plus à craindre dans un substrat de culture, on rencontre les nématodes, notamment les espèces des *Méloidogyne* et les vecteurs de virus. En effet, ces phytophages sont les plus fréquemment propagés par les substrats. C'est ainsi qu'un substrat de culture mise à part sa qualité physicochimique, est généralement jugé par sa qualité phytosanitaire. C'est à ce niveau que se situe une partie de notre travail pour vérifier l'absence des phytoparasites telluriques, en particulier les phytonématodes.

2.8.1. Extraction à partir d'échantillon du compost :

Après le mélange et homogénéisation de l'échantillon, on prélève un sous échantillon de 500g du compost qui sera mis dans un tamis de grandes mailles (2mm), placé sur un entonnoir qui surmonte l'appareil de décantation. Cette quantité de compost d'un courant d'eau qui permet de véhiculer les nématodes dans le fond de l'appareil en éliminant les matériaux grossiers.

Le mélange d'eau, de nématodes, de matière organique, est soumis à un courant d'eau basal et fort permettant ainsi une meilleure homogénéisation du mélange. La partie de ce dernier est récupérée dans un seau à un niveau de l'appareil. Cette solution sera utilisée sur une série de deux tamis (74 et 44µ).

La suspension récupérée sera versée dans un godet de la centrifugeuse (les godets doivent être équilibrés 2 à 2), on y ajoute kaolin et on l'homogénéise. Ensuite on passe à une première centrifugation le surnageant dans le godet sera rejeté et on ajoute une solution sucrée. A l'aide d'un agitateur on homogénéise la solution pour libérer les nématodes. Une fois les godets sont équilibrés, on passe à la deuxième centrifugation qui se fait à une durée de 10 minutes et une vitesse (V2) plus lente.

Enfin, on obtient dans le godet une solution sucrée avec les nématodes qui sont en suspension. Cette dernière opération sera déversée rapidement dans un verre à pied contenant de l'eau pour éviter d'avoir des nématodes plasmolysés. La suspension obtenue est versée sur un tamis de 5 μm et les nématodes seront recueillis sous filet d'eau à l'aide d'une pissette dans un flacon étiqueté. On passe ensuite à l'analyse de l'échantillon, si non on le conserve dans une chambre froide.

2.8.2. Extraction à partir d'un échantillon de racine

Pour bien confirmer l'absence de nématodes à galle, on a fait l'extraction de nématode à partir des systèmes racinaires.

On a rempli 5 pots de différents mélanges de compost. Puis on a planté 5 graines de melon par pot et on a laissé germer dans des conditions identiques, dès que leur système racinaire est bien développé on a commencé l'extraction selon les démarches suivantes :

Le principe est le même que celui de l'extraction à partir du compost seulement la décantation est remplacée par le broyage des racines, ce qui permet de libérer les nématodes des tissus végétaux.

On a prélevé 5g de racines de chaque échantillon qui seront lavés, coupés en petits morceaux et introduits dans un mixeur contenant 250 ml d'eau et on a passé au broyage qui se fait en deux temps :

Le premier broyage a duré 20 secondes à une vitesse V1 qui permet d'extraire les stades fragiles comme les femelles et les stades gonflés. Le broyat obtenu est versé sur deux tamis ; dont le premier est de 2 mm, va retenir les grands morceaux de racines non broyés alors que le deuxième tamis de 44μ va retenir les nématodes et les débris de matière organique qui seront recueillis sous filet d'eau dans le godet.

187

On a remis le contenu du tamis 2mm dans le mixeur, on y ajoute 250 ml d'eau et on a passé au deuxième broyage qui a duré 90 secondes et à une vitesse plus rapide que dans le cas du premier broyage.

Ce broyage permet de libérer les larves et les œufs. Le contenu du mixeur est versé sur les deux tamis, ce qui reste dans le tamis 2mm est rejeté, alors que le contenu du tamis 44μ est récupéré dans le même godet, auquel on a ajouté du Kaolin et on a passé à la centrifugation de la même façon que les échantillons du compost.

3. Résultats et discussions

3.1. Caractéristiques physico-chimiques du compost étudié

L'analyse des paramètres physico-chimiques de notre compost est récapitulée en moyenne dans le tableau suivant :

Tableau 36: Caractéristiques des paramètres physico-chimiques du compost

Paramètres	pH	H (%)	N (%)	C (%)	C/N	NNO3- (ppm)	NH4 (ppm)	CE (ms/cm)	MO (%)	S (g/l)	D (g/cm^3)
Moyennes	7,55	41,52	0,7	10,43	14,8	256,66	98	2,48	44	4.9	0.39

La valeur du pH trouvée est proche de la neutralité témoignant une bonne biodégradation favorisée par l'activité des micro-organismes (Mustin, 1987). Godden (1995), Gobat et coll. (1998), notent qu'à la fin du compostage (phase de maturation), le pH s'équilibre vers la neutralité.

En effet, notre compost présente une faible teneur en eau (H = 41.52 %) en comparant avec la norme de la qualité du compost qui note que l'humidité doit être située entre 50-60% (ITAB 2001b) et les faibles teneurs d'humidité entraînent le ralentissement de l'activité microbienne (Le Houérou, 1993). Ceci est dû d'une part à l'évaporation excessive du fait de la nature désertique de la région où la température est élevée et d'une autre part à l'aération par le retournement effectué. Donc, il parait nécessaire de trouver une solution optimale afin d'amener la valeur de l'humidité trouvée à une valeur proche de la norme. On peut proposer alors un arrosage de la masse en fermentation, un trempage des produits avant de les composter et une protection du compost (ombrage, couche de paille, toiture…).

Le taux de la matière organique totale est de 44 %. Ce taux est acceptable comparativement à celui des normes françaises ; il est de 37 – 47 % dans les composts des déchets verts (ITAB 2001c). Cette valeur est non seulement le résultat de l'activité de la flore microbienne pendant la phase de fermentation (Mlaouhi et col ,2007) mais aussi le résultat de la contamination par le sable apporté par le vent.

La densité de notre compost est égal à 0.39 g/cm³, elle est inférieure à celle obtenue dans les travaux de ZNAÏDI (2002). Il a montré que les compostages des mélanges formés que des fumiers (fumiers ovin + fumiers bovin) avec des proportions différentes ont des densités (0.7 g/cm³) supérieures à celle du mélange formée de fumiers et des pailles broyées (0.53 g/cm³) et que cette différence est due à la présence d'une quantité énorme de carbone dans les pailles.

Par ailleurs, la densité est obtenue suite à la perte de volume par libération du carbone sous forme de CO_2 à cause de la décomposition par les micro-organismes. Il est à signaler que plus l'andain est riche en carbone, plus il perd en volume lors du processus de compostage (Mustin, 1987).

D'après la norme française NF U44-095 (Soudi, 2001) le rapport C/N est entre 8 et 15, dans notre cas le rapport C/N est égal à 14.8 ,cette valeur est proche de la limite 15, la quantité en carbone est très grande par rapport à la quantité en azote (10.43>0.7). Ceci est le résultat de la surcharge en sous produits du palmier dattier et d'une grande teneur en déchets Bruns, Durs et Secs (les branches et les feuilles) qui constituent la source du carbone, par rapport à la teneur en déchets verts, mous et mouillés (les épluchures de fruits, les restes de dattes) qui constituent la source d'Azote

La valeur de la conductivité électrique mesurée à maturation est de l'ordre de 2.48 (ms/cm). Les valeurs présentées par la norme française sont de l'ordre de l'unité. Cette valeur moyennement élevée est due au grand tonnage en sels dans notre compost. Cette salinité est assez grande (4.9 g/l) et peut être expliquée par l'accumulation des sels suite à l'évaporation des eaux d'irrigation et suite à l'action des aléas climatiques (températures et vent).

Tableau 37: Teneur en éléments minéraux

Paramètres	K	Ca	Mg	Fe	Cu	Se	Sn	As	Hg	Cd	Sb
Quantités (mg/kg)	145	189	13	1.6	0.27	<LD	0.8	<LD	<LD	<LD	<LD

LD : Limite de détection de l'organisation mondiale de la santé (OMS)

On remarque que notre compost est riche en calcium (Ca), en potassium (k), mais il contient une faible teneur en Mg, en fer (Fe), en cuivre (Cu) et en Sn.

Notre produit exempt de métaux lourds et respecte bien les normes de l'OMS et L'AFNOR 40-041.

→ Les analyses physico-chimiques effectuées sur notre compost montrent qu'il est de bonne qualité pour être utilisable comme amendement organique.

3.2. Analyses biologiques

3.2.1. Test de germination

Le suivi de la germination du melon a été réalisé dans le laboratoire (*test in vitro* et *test in vivo*). En dénombrant les graines germées pendant 15 jours, on a obtenu les résultats ci –dessous :

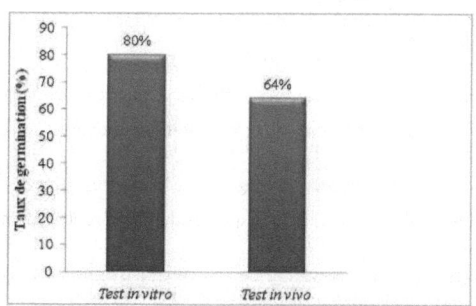

Figure 95 : Taux de germination au niveau de deux tests différents.

L'histogramme montre que le taux de germination des graines du melon cultivées dans le compost (*test in vivo* (64%)), est légèrement inférieur au taux de germination de celles cultivées dans l'eau distillée (*test in vitro* (80%)).

➢ Le taux de germination de notre compost est conforme à la norme française **NF 44-051**(>60%), donc il possède un pouvoir de germination acceptable. Ce compost pourrait être utilisé comme substrat au niveau des pépinières.

3.2.2. Analyses agronomiques

3.2.2.1. Paramètres morphologie des échantillons

Les comparaisons de quelques paramètres mesurés pour l'étude de la morphologie de melon (variété de référence « Golda »), sont résumées dans les histogrammes suivants :

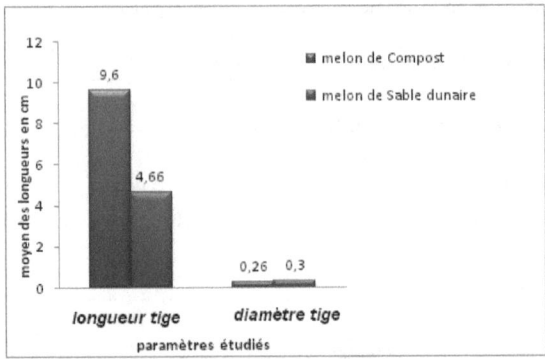

Figure 96 : Comparaison des longueurs des tiges et diamètres des racines entre le melon sur sable dunaire et le melon sur compost.

La comparaison des longueurs des tiges pour les plantes cultivées dans le compost et celles cultivées dans le sable dunaire, montre que ces dernières sont le moins développées.

Le diamètre de tige est un paramètre qui nous renseigne sur la vigueur de la plante. En comparant les valeurs de ce paramètre, on ne constate pas une différence entre les plantes cultivées dans le compost et celles cultivées dans le sable.

➤ Notre compost étudié favorise une meilleure croissance des tiges du melon. Il permet de jouer le rôle d'un complément de fertilisation des plantes.

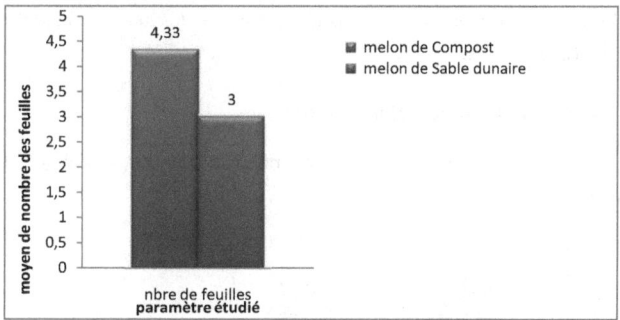

Figure 97 : Comparaison de nombre des feuilles entre le melon sur sable dunaire et le melon sur compost.

Pour le nombre des feuilles, ce paramètre est plus important pour les plantes cultivées dans le compost (4.33).

➤ Notre compost étudié favorise une meilleure croissance des feuilles du melon. Il permet une bonne végétation des différentes plantes cultivées.

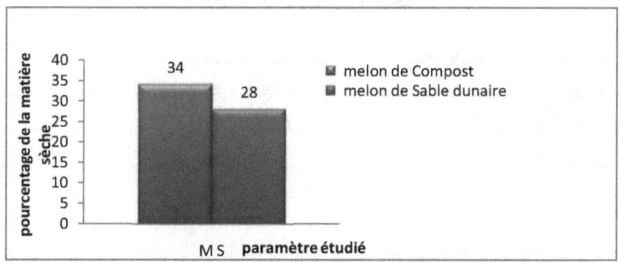

Figure 98 : Comparaison de pourcentage de matière sèche entre le melon sur sable dunaire et le melon sur compost.

La mesure de la matière sèche montre que la valeur de cette dernière (34%) est plus importante pour les plantes cultivées dans le compost.

Le compost présente des caractéristiques physico-chimiques permettant une bonne vigueur des plantes cultivées.

3.2.2.2. Dosage de chlorophylle:

Les valeurs des teneurs en chlorophylle pour la variété « Golda » sont présentées au niveau de l'histogramme suivant :

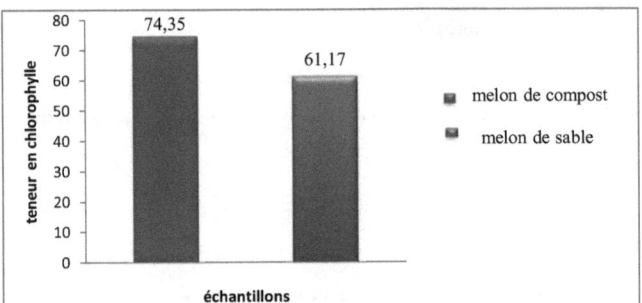

Figure 99:Comparaison de la teneur en chlorophylle entre le melon sur compost et le melon sur sable dunaire.

D'après les résultats obtenus on peut conclure que la valeur de chlorophylle pour les plantes cultivées dans le compost est plus élevée que celles cultivées dans le sable dunaire. Donc l'activité photosynthétique de la variété « Golda » est plus importante dans le cas où on utilise le compost comme substrat alors que le sable dunaire donne des résultats moins important.

→ Les analyses biologiques montrent que notre compost représente un taux de germination acceptable, et que les semences cultivées dans ce compost possèdent une croissance et une activité photosynthétique importantes.

3.2.3. Analyses microbiologiques

Les résultats des analyses microbiologiques, effectuées pour évaluer la qualité microbiologique de notre compost, sont résumés dans ce tableau ci-dessous

Tableau 38: Evaluation microbiologique du compost

Germes recherchés	Valeur limite de NPP	résultats
Coliformes totaux	>110 10^4 germes/g	2,4 10^3
Coliformes fécaux	>110 10^4 germes/g	2,3 10^3
Streptocoques	>110 10^4 germes/g	1,5 10^3
Escherichia coli	>110 10^4 germes/g	2,3 10^3
Salmonelles	Absence dans 1g	0

On constate que ce compost contient des Coliformes totaux, des Coliformes fécaux, des streptocoques et d'*Escherichia coli* qui sont avec des valeurs inférieures à la limite en comparant avec la norme AFNOR : UFU 44-095 relatives au compost à base de boues (Soudi, 2001). Notre résidu transformé ne contient pas de salmonelles. Ces résultats peuvent être la conséquence de l'augmentation de la température interne et/ou externe pendant le processus de compostage. Des résultats similaires ont été rapportés par Znaidi (2002) qui confirme que la montée de la température lors du compostage permet de détruire la majorité des germes pathogènes à condition que le compostage se déroule dans des bonnes conditions (retournements, aérobiose, humidité, durée suffisante)

3.2.4. Analyses nématologiques

3.2.4.1. Extraction à partir du compost

L'observation microscopique sous loupe binoculaire des suspensions des échantillons du compost, montre l'absence des nématodes phytophages qui sont caractérisés par la présence d'un stylet creux qu'ils introduisent dans les cellules des plantes.

3.2.4.2. Extraction à partir d'un échantillon de racine

L'analyse du système racinaire des plantes cultivées dans le compost étudié permet de vérifier d'avantage l'absence des phytonématodes dans le compost. Cette analyse est nécessaire, surtout que la plupart des nématodes phytophages notamment les *Méloidogyne* se conservent dans le substrat sous forme d'œufs et par conséquent l'infestation de leurs racines par les larves, qui seront faciles à identifier et dénombrer donnant ainsi une idée claire sur l'état d'infestation du substrat.

L'analyse microscopique de l'échantillon de compost étudié montre que le substrat est indemne des nématodes. En plus, les conditions de traitement et les précautions prises au moment de la préparation du compost garantissent l'obtention d'un compost indemne de nématodes et de maladies telluriques.

4. Conclusion

Les études des caractéristiques physico-chimiques et microbiologiques de ce compost issu des sous produits oasiens préparé par la méthode en fosse enregistre que ce compost est de bonne qualité.

Il serait favorable de compléter ce travail par une analyse biologique, en réalisant un test de bio-germination et de bourgeonnement, qui évalue la stabilité et l'efficacité du compost sur la résistance des plantes. Ces analyses biologiques nous permettent de proposer des corrections adéquates pour améliorer la qualité du compost afin d'optimiser son efficacité.

Au cours de ce travail, nous avons essayé d'évaluer par des analyses physico-chimiques, biologiques et nématologiques, la qualité d'un compost issu des sous-produits du palmier dattier, et qui est obtenu par la méthode de compostage en fosse en mélangeant les 2/3 de déchets avec 1/3 de fumier des ovins.

On a procédé à des diverses expériences dont le but est de déterminer les paramètres physico-chimiques tel que : l'humidité, le pH, MOT, COT, l'azote total, conductivité et la salinité, et les caractéristiques biologiques comme le test de germination, la microbiologie et la nématologie du compost.

Un compost est jugé généralement selon leur rapport C/N, et les analyses physico-chimiques montrent que notre compost représente un rapport C/N acceptable (19.14) qui est conforme à la norme NFU 44-051, une humidité importante (47.06), et une valeur de pH (7.64) suffisante pour la stabilisation du sol.

La voie germinative du compost est aussi un paramètre très important. Les analyses biologiques montrent que notre compost représente un taux de réussite acceptable, et que les semences cultivées dans ce compost possèdent une croissance et une activité photosynthétique importantes. Aussi notre compost ne cause pas des problèmes phytosanitaires ni sur les plantes ni sur le sol, car il est indemne des microorganismes pathogènes et de nématodes.

Le compost peut être la meilleure voie de valorisation des déchets du palmier dattier et ayant un rôle primordial dans l'agriculture biologique dans les oasis en zones arides et sahariennes.

Il serait judicieux d'accomplir ce travail, en parachevant les paramètres de compostages par une étude qui évalue la stabilité du compost obtenu, et de proposer des corrections adéquates pour améliorer la qualité du compost afin d'optimiser son efficacité.

Conclusion générale

La présente thèse a comme objectif de mettre en valeur les dattes de deux variétés communes les plus répondues en oasis continentale et les sous produits Deglet Nour issus de l'industrie de conditionnement de dattes en associant les restes cellulosiques du palmier dattier autre que le fruit. Le travail a été basé sur la caractérisation morphologique, biochimique et sensorielle mettant en valeur les deux produits élaborés ; Sirop de dattes inverti issu des dattes sous utilisées et le compost résultat d'une fermentation aérobique des déchets cellulosiques du palmier dattier. La démarche adoptée exprime bien la richesse des produits et sous produits de dattes en substances énergétiques, bioactives et fertilisantes. Le créneau de transformation de valorisation artisanale et industrielle demande des quantités énormes. C'est dans ce sens qu'il faut ramasser toutes matières organiques au niveau de l'oasis et au niveau des stations de conditionnement des dattes. En effet, L'industrie de transformation et de recyclage des produits et sous produits pourraient avoir un grand rôle socioéconomique, en particulier, la réduction de taux de chômage et l'immigration illégale. Cette recherche appliquée va exploiter des processus technologiques et biotechnologiques afin d'élaborer des fiches techniques des produits à haute valeur ajoutée et des brevets d'inventions utiles pour le développement.

Les résultats obtenus nous ont permis de tirer ces conclusions:

- Des critères pomologiques acceptables de trois variétés issues de trois différentes oasis continentales (Kébili, Tozeur et Tamagza) ;

- Un potentiel fort en potassium et en phosphore observé chez les trois variétés Beser Halow, Deglet Nour et Allig (respectivement 11,10% et 10,32% et 8,31%). La faible teneur en sodium notée chez les différents échantillons ce qui nous permet de déduire le rôle préventif et curatif des dattes dans plusieurs syndromes en relation avec la teneur en Sodium ;

- Les teneurs en sucres réducteurs sont importantes dans les variétés Besr Halow et Allig, elles varient de 23,35 chez la variété Deglet Nour à 43,09 g/100 g (MS) chez la variété Allig. Seuls les sous produits de la variété Deglet Nour renferment le saccharose 21,89 g/100g de MS ; ce qui permet de penser à l'inversion en sucres réducteurs servant par la suite à la production des produits agroalimentaires de hautes valeurs nutritionnelles ;

- Les quantités des lipides trouvées sont assez acceptables au niveau des dattes étudiées. Elle peut atteindre 0,78 mg /100 g (MF) chez la variété Allig ;

- L'interaction entre les variétés et leur provenance montre que la composition biochimique est légèrement influencée par les facteurs géographiques et édaphiques.

Concernant la détermination du modèle dynamique de la réaction d'hydrolyse du saccharose par invertase en tenant compte de la vitesse de réaction, de la concentration du substrat et des facteurs d'inhibitions, on a pu avoir des résultats montrant que les constantes cinétiques retrouvées sont (Km=305,58 mM ; Vmax=3,38 U/ml; Ki=40,24 mM). En effet, on note un confort considérable dans l'utilisation d'un PFR pour les concentrations inférieures au pic puis commencer à être commode d'utiliser le CSTR à des conversions augmentent avec la concentration du substrat. D'où, la conversion optimale de saccharose par invertase nécessite obligatoirement un bioprocédé couplé (PFR-CSTR).

Quant à l'optimisation de la qualité de sirop de dattes ; l'application de sirop inverti pour le conditionnement des dattes et la comparaison des dattes enrobées par le sirop inverti avec celles enrobées par le sirop de glucose commercial, les résultats ont permis de :

* Définir une méthodologie d'extraction basée sur une solubilisation pratiquement complète de la fraction solide soluble du jus et ceci grâce au couple température- temps (80°C, 60 min) puis une clarification ultime du jus des dattes renfermant trois étapes successifs : filtration sur tamis, filtration sur tissu et une centrifugation (6000 tps, 25 min) ;

* Produire des sirops qui présentent une importante teneur en matière sèche soluble 70 % ce qui donne aux sirops l'avantage d'être à l'abri de toute contamination. A côté de leur richesse en sucres ces sirops présentent des quantités importantes en protéines (1 % - 5 %) et des quantités moyennes en minéraux tel que le sodium (0.014 % - 0.024 %) et le potassium (0.21 % - 0.88 %).

    * L'analyse en composante principale (ACP) prouve que la qualité organoleptique peut être corrigée en jouant sur certains paramètres :

    - La qualité visuelle du sirop est améliorée en jouant sur la teneur en dattes grasses ;

    - Le pouvoir sucrant et la qualité microbiologique du sirop sont améliorés en jouant sur la teneur en dattes sèches.

    Dans le contexte d'application de nos données théoriques, nous avons pu produire un sirop de dattes à partir des écarts de triage des dattes en utilisant l'invertase. Les analyses effectuées sur les sirops étudiés prouvent que le sirop inverti de dattes présente une meilleure qualité nutritive importante puisqu'il est plus riche en sucres totaux (65%) que le sirop brut et celui de glucose.

    Les résultats trouvés pour les dattes enrobées ont montré que les dattes enrobées par le sirop inverti puis séchées (DESI 2) contiennent une quantité importante des sucres réducteurs (25% > 24% >21%). Ces résultats pourraient s'expliquer par la présence du film d'enrobage qui a contribué à l'élévation des concentrations des sucres réducteurs et totaux de 55% à 65%. En plus de la valeur énergétique élevée apportée par les sucres, ces produits renferment d'autres nutriments essentiels pour l'organisme : tel que les minéraux qui sont d'ordre de 1,7% pour les (DESG 2) et les autres entre 0,6% et 1,3%. De même, les produits traités par le sirop de glucose (DESG 2) répondent aux exigences microbiologiques. Ils présentent une importante teneur en matière solide soluble (18,11° pour les (DESG 2) et entre 17,11° et 17,99° pour les autres) ce qui donne aux produits l'avantage d'être à l'abri de toute contamination. Plus la teneur en eau du produit est forte, plus ce produit est moelleux, c'est le cas des dattes enrobées par le sirop inverti et séchées (DESI 2).

    D'où on peut affirmer que les dattes enrobées par le sirop inverti de datte demi sèches sont de meilleure valeur nutritive que les dattes sèches puis enrobés soit par le sirop inverti ou par le sirop de glucose. Toutefois, il reste que ces produits seront mieux stabilisés en améliorant quelques paramètres tels que le pH, l'acidité titrable et l'activité de l'eau, afin d'augmenter sa valeur marchande et son appréciation par les consommateurs.

    La dernière perspective de valorisation est de produire un compost par un procédé innovant qui est maintenant breveté à l'échelle nationale. Cette voie de recyclage s'intéresse essentiellement au compostage des déchets du palmier dattier. Nos travaux montrent que le compost obtenu est jugé généralement selon son rapport C/N, et les analyses physico-chimiques qui montrent que notre compost représente un rapport C/N acceptable (14,8), qui est conforme à la norme NFU 44-051, une humidité importante (47,06), et une valeur de pH (7,64) suffisante pour la stabilisation du sol. De plus, les analyses biologiques montrent que le taux de réussite (germination des semences) est acceptable ce qui implique que le compost obtenu représente un substrat performant pour la germination, et que les semences cultivées sur ce compost possèdent une croissance et une activité photosynthétique importantes. Aussi le compost obtenu ne cause pas des problèmes phytosanitaires ni sur la plante ni sur le sol, car il est indemne des microorganismes pathogènes et de nématodes.

En perspective de la présente étude, les points suivants semblent pertinents:

- L'étude d'autres variétés et d'autres constituants du palmier dattier ;

- La caractérisation des substances anti- oxydantes ;

 -L'élaboration d'autres sirops issus d'autres variétés de dattes ;

-La modélisation du procédé de la fabrication de sirop des dattes ;

- L'application du sirop inverti des dattes sur divers produits alimentaires ;

- L'évaluation de la stabilité du compost obtenu ;

- La recherche des corrections adéquates pour améliorer la qualité du compost afin d'optimiser son efficacité.

Références bibliographiques

➤ **Abddelkader Z., 2010**. Amélioration de la qualité et de la stabilité du jus et de sirop de dattes par un procède enzymatique MFE. Institut Nationale Agronomique de Tunisie, 44-54.

➤ **Ahmed, I.A., Ahmed, A.W.K. and ROBINSON, R.K. 1995**. Chemical composition of date varieties as influenced by the stage repining. *Food Chem*. **54**, 305–309.

➤ **Akidi M.K.H. et Ahmed A.M.A., 1985.**Transformation des dattes et des produits cellulosiques des dattes, Union Arabe des Industries Alimentaires, Iraq, Bagdad document en arabe, 339.

➤ **Al-Showman S. 1990.** Chemical composition of some Date palm seeds (*Phoenixes dactylifera* L.) In Saudi Arabia. *Arab Guff J .Scient .Res*; **8. (1),** 15-24.

➤ **Al Hooti , S, Jiuan, S, Quabazard, H. 1995.** Studies on the physico-chemical characteristics of date fruits of five UAE cultivars at different stages of maturity. *Arab Gulf J. Scient. Res.*, **13**. 553-569.

➤ **Al Hooti S, Sidhu J. S and Qabazard H, 1997.** Physico-chemical characteristics of five date fruit cultivars grown in the United Arab Emirates. *Plant Foods for Human Nutriton*, **50** 101-113.

➤ **Al Hooti S, sidhu JS and Quabared H, 1997.** Physicochemical characteristis of fine date fruit cultivars grown in the United Arabe Emirates plants Food for human nutrition, 50(2), 101-103.

➤ **Al-Farsi M., 2007.** Compositional and functional characteristics of dates, syrups, and their by-products. *Food chem*. **104** 943-947.

➤ **AL-Farsi, M., Al-asalvar, C., Al-Abid, M., Al-SHOAILY, K., Al-AMRY, M. and Al-Rawahy, F.2007.Compositional** and functional characteristics of dates, syrups, and there by-products. *Food Chem*. *104*(**3**), 943–947.

➤ **AllaithA.A.A.2008.**Antioxidant activity of Bahraini date palm (*Phoenix dactylifera* L.) fruit of various cultivars. *Int. J. Food Sci. Technol* .**43(6),** 1033-1040.

➤ **AL-Qarawi, A. A., Abdel - Rahman, H., Ali, B.H., Mousa, H.M. and AL-Mougy, S.A. 2005.**The ameliorative effect of dates (*Phoenix dactylifera* L.) on ethanol-induced gastric ulcer in rats .*J.Ethnopharmacol.***98(3),**313–317.

➤ **Al-Sahib w., and Marshall R .J. 2003b.** The fruit of the date palm: its possible use as the best food for the future. International J of food sci. and nutrition, **54** (4), 247 -259.

➤ **AL-Shahib, W. and Marshall, R. J. 2003.** The fruit of the date palm: Its possible use as the best foodforthefuture.*Int.J.Food.Sci.Nutr.***54,**247–259.

➤ **Al-Showiman, S.S. 1990.** Chemical composition of date palm seeds (*Phoenix dactylifera* L.) in Saudi Arabia.*J.Chem.Soc.***12,** 15–24.

➤ **Amaya-Delgado L., Hidalgo-Lara M.E. and Montes-Horcasitas M.C. 2006.** Hydrolysis of sucrose by invertase immobilize donnylon-6-microbeads, *Food Chem.* 99,299-304.

➤ **Ames, B. N., Shigenaga, M. K. and Hagen, T. M. 1993.** Oxidants, anti-oxidants, and the degenerative diseases of aging. Proc .*Natl. Acad. Sci.* USA *90,* 7915–7922.

➤ **Ashmawi, H., Aref, H., Hussein, A. A. (1956).** Compositional changes in Zaglool dates throughout the different stages of maturity. *J. Sci. Food Agric* **7 (1)** 45-53.

➤ **ASTM, 1994.** Standard practice for conducting early seedling growth test; ASTM. Designation e 1598-94. American society for testing and materials, 7 p.

➤ **Bailey J. R., Ames J. M. and Monti S. M. 1996.** An analysis of the non-volatile reaction products of aqueous Maillard model system at pH 5,using reversed-phase HPLC with diode-arraydetection.*J.Sci.Food.Agric.***72,**97-103.

➤ **Barreveld W H. FAO, 1993.** Agricultural Services Bulletin N°101, Date Palm Products. FAO, Rome, 39p.

➤ **Bauza, E., Dalfarra, C., Berghi, A., Oberto G., Peyronel, D. and Domolge, N. 2002.** Date Palm kernel extracts exhibit sanity aging properties and significantly reduces skin wrinkles. *Int. J.T issue React.* **24**,131–136.

➤ **Ben Salah, M, Hellali, R. 1995.** Evolution de la composition chimique des dattes de trois variétés Tunisiennes de palmier dattier *Phoenix datylifera L.* Revue de l'INAT, 10, 119 –127.

➤ **Benamara S., Chibane H., Boukhlifa M. 2004.** Essai de formulation d'un yaourt naturel aux dattes», Industries Alimentaires et Agricoles IAA. *Actualités techniques et scientifiques.* N° mensuel,11-14.

➤ **Besbes S., Drira L., Blecker C., Deroanne C. and Attia H. 2009.** Adding value to hard date (*Phoenix dactylifera*L.): Compositional, functional and sensory characteristics of date jam.*FoodChem.*112(2),406-411.

➤ **Biglari F, Al Karkhi Abbas FM, Easa A. M. 2008.**Antioxidant activity and phenolic content of various date palm (*Phoenix dactylifera* L.) fruits from Iran. Food Chem 107:16361641.

➤ **Booji I., Piombo G., Risterruci A.M., Coupm. Thomas D. & Ferry M., 1992.** Etude de la composition chimique de dates à différents stades de maturité pour la caractérisation variétale de divers cultivars de palmiers *(Phoenix dactylifera L.).* *Fruits,* **47 (6):** 667- 678.

➤ **Bouabidi H., Reynes M., et Rouissi M. B., 1996.** Critères de caractérisation des fruits de quelques cultivars de palmiers dattiers (*Phoenix dactylifera L.*) du sud tunisien. Annales de l'INRAT, **69**, 73-86.

➤ **Bounaga N. and Brac De La Perrière R. A. 1988.** Les ressources phylogénétiques du Sahara. Annales de l' Inst. Nat. Agro. El-Harrach 12 :79-94.

➤ **Chaieb M. et Boukhris M., (1998).** Flore succincte et illustrée des zones arides et sahariennes de Tunisie. Association pour la protection de la nature et de l'environnement, Sfax (Tunisie), 290 p

➢ **Chaieb M. et Boukhris M., (1998).** Flore succincte et illustrée des zones arides et sahariennes de Tunisie. Association pour la protection de la nature et de l'environnement, Sfax (Tunisie), 290

➢ **Chaira N., Ferchichi A., Mrabet A. and Sghairoun M. 2007.** Chemical composition of the flesh and the pit of date palm fruit and radical scavenging activity of their extracts .*Pak. J. Biol.Sci.***10**, 2202-2207.

➢ **Chaira N., Mrabet A. and Ferchichi A. 2009.** Evaluation of antioxidant activity, phenolics, sugar and mineral contents in date palm fruits. *J. Food. Biochem.***33**, 390-403.

➢ **Chaira N., Smaali M. I., Besbes S., Mrabet A., Lachiheb B. and Ferchichi A. 2010.** Production of fructose riches syrups using invertase from date palm fruits. *J. Food. Biochem* 0145, 1-7.

➢ **Chaira N. (2010).** Intérêt nutritionnel et alternatives technologiques et biotechnologiques de valorisation de quelques variétés de dattes communes tunisiennes. Thèse Doctorat en Biologie. Université El Manar. Tunisie. 10-185 p

➢ **CRDA ,2012 :** Commissariats Régionaux au Développement Agricole Rapport annuel.

➢ **CRDA. 2013.** Rapport annuelle. Commissariats Régionaux au Développement Agricole.

➢ **Dawson V. H. W. 1982.**Date production and protection with special reference to North Africa and the Near East. FAO Technical Bulletin. No. 35.294p.

➢ **Deloraine A., Hedreville L., Arthus C., Bajeat et P., Déportes I. mars 2002-** Etude bibliographique sur l'évaluation des risques liés aux Bio Aérosols générés par le compostage des déchets, Contrat ADEME/CAREPS n°/0075038. Rapport, n° :317.P.220.

➢ **Djerbi M, 1994.** Précis de phéniculture, F.A.O, Rome, 191 p.

➢ **Djerbi M. 1983.** Report on consultancy mission on date palm pests and diseases. FAO.288p.

➤ **DJERBI M. 1995-** Précis de Phoeniciculture. FAO. 192 p.

➤ **Dowson V.H.W., Aten A., 1963.**Composition et maturation. Récolte et conditionnement des dattes, Collection FAO, Rome, cahier n°72,1-392.

➤ **Dupoigne P., Munier P. 1965.** préparations nouvelles à partir de la datte. *Fruits*(**8**) 20, 420-424.

➤ **Dupoigne P., Munier P. 1965.** préparations nouvelles à partir de la datte. *Fruits*(**8**) 20, 420-424.

➤ **Emna Behija Saafi Ben Salah 2010.** Valorisation des dattes communes en Tunisie: Caractérisation biochimique et effets nutritionnels des micronutriments. Thèse Doctorat en Sciences Biologiques et Biotechnologiques. ISBM. Tunisie. 20-78 p

➤ **Espiard E. 2002.** Introduction à la transformation industrielle des fruits. Technique et documentation. Lavoisier, Paris, 360 p.

➤ **FAO, 1996, 2000.** Food and Agriculture Organization.

➤ **FAOSTAT,.2009:** bases de données statistiques de la FAO, Food and Agriculture Organization of the United Nations, Rome.

➤ **Ferchichi, A et Hamza, H. 2008.** Le patrimoine génétique phoenicicole des oasis continentales tunisiennes. Le palmier dattier : biologie, écologie et pratiques culturales, Tunisie, 12-33p

➤ **Fethi H. A. and El-Kohtani M. N. 1979.** Production de dattes dans le monde arabe et islamique.Université Ain Chems. 533-541.

➤ **Franco Cataldo 2006.** Process for inhibiting enzymatic activity Patent N° US 2006/0147589 Roma Italy.

➤ **Furr. R. and Ream C. L. 1970.** Fruits of dates as affected by pollen viability and dust or water on stigmas. *DatesGrower'sInstitutAnn.Report*.**47**, 11-14.

➤ **G.I.F, 2009:** Groupement Interprofessionnel des Fruits. Rapport annuel.

➢ **G.I.F, 2010:** Groupement Interprofessionnel des Fruits. Rapport annuel.

➢ **G.I.F, 2012:** Groupement Interprofessionnel des Fruits. Rapport annuel.

➢ **GID 2004.** Groupement Interprofessionnel des Dattes. Rapport Annuel

➢ **Gobat J.M., Aragno M., Mattthey W ; 1998**-Le sol vivant. Bases de la pédologie. Biologie des sols. Presses. Polytechniques et Universitaires Romandes.

➢ **Godden B. ; 1995**- La gestion des effluents d'élevage. Techniques et aspect du compostage dans une ferme biologique. Revue de l'Ecologie. No 13.p37.

➢ **Greene, J.C., C.L. Bartels, W.J. Warren-Hicks, B.R. Packhurst, G.L. Linder, S.A. Peterson, and W.E. Miller. 1989.** Protocols for Short Term Toxicity Screening of Hazardous Waste Sites, USEPA 600/3-88-029,102 p

➢ **Hamza Hamadi 2012.** Analyse de la diversité génétique chez le Palmier Dattier (phoenix dactylifera L) Cultivé dans les Oasis Continentales Tunisiennes: Traits Morphologiques et Moléculaires et leurs Rapports avec des critères Agronomiques. Thèse Doctorat en Biologie. Université El Manar. Tunisie 1-55 p

➢ **Haug R. T., 1980**- Compost Engineering: principles and practice. Éd. Annarobor science Miching USA 655 p.

➢ **Hoitink H.; 1995**- the composting Process. Cité par ITAB (2005).Guide des matières organiques. Tome1.Deuxième édition2001.

➢ **HOLDEN, 1965**. - Chlorophylle. In Goodwin, T.W. ed. Chemistry and Biochemistry of plant pigments Academic Press. 461-488.

➢ **HONIG, P. 1960.** Communication personnel.

➢ **Hussain, A.A. 1974**. Date Palms and Dates with their pests in Iraq. College of Agr., Baghdad University. 364p.

➢ **Hussein F. and El-Zeid AA. 1975.** Chemical composition of Khalas dates grown in Saudia Arabia. *Egyp.J. Hort*.2, 109-214.

➢ **I.P.G.R.I.2003.**Valorisation des avoirs et savoir faire: Perspectives d'implication des acteurs, dont la femme, dans la conservation *in-situ* de la diversité du palmier dattier dans les oasis du Djérid(Tunisie).Série documents de travail n°115.

➢ **I.P.G.R.I. 2005.** Descripteur du palmier dattier (*Phoenixdactylifera*L.). International Plant Genetic Resources Institute. Rome.71p.

➢ **Ishurd, O. and Kennedy, J. F. 2005.** Theanti-cancer activity of polysac- charide prepared from Libyan dates (*Phoenix dactylifera* L.). Carbohydr. Polym. **59** (4),531–535

➢ **ITAB 2001a :** Guide des matières organiques, tomes1, deuxième édition, p 22-23.

➢ **J. Vàsquez-Bahena, M.C. Montes-Horcasitas, J. Ortega- Lòpez, I. Magaña-Plaza,L.B. Flores-Cotera,** 2004. Multiple steady states in a continuous stirred tank reactor: an experimental case study for hydrolysis of sucrose by invertase, *Elsevier. Process Biochemistry,* **39** 2179-2182,

➢ **Jraidi Z, Mahjoub A, Ferjani T., 1990.** Essai d'élaboration de confiture de dattes. Revue de l'Institut National Agronomique de Tunisie, **Vol 5, n° 2**, p 191-197

➢ **Karuppiah N., Vadlamudi B. and Kaufman P. B. 1989.**Purification and characterization of soluble (cytosolic) and bound (cellwall) iso forms of invertases in barley (*Hordeumvulgare*) el on gating stem tissue. *Plant Physiol.* 91,993-998.

➢ **Kotwal S. M. and Shankar V. 2009.** imobilizedinvertase.*Biotechnol.Adv.*27,311-322.

➢ **Le Houérou B., 1993**. Le compostage des fumiers de bovins, une des pratiques pour protéger l'eau. Congrès GEMAS/COMIFER : Matières organiques en agriculture, Blois, p16-18

➢ **Leclerc H. ; 2001**.cité par ITBA 2001b. Guide des matières organiques .tomes1.Deuxième

➢ **Mansouri, A., Embarek, G., Kokkalou, E. and Kefalas, P. 2005.** Phenolic profile and antioxidant activity of the Algerian ripe date palm fruit (*Phoenix dactylifera* L.). *Food Chem* **89**(3), 411–420.

➢ **Mc Cance and Widdoson, 1993.** Composition des aliments. p 9-21.

➢ **Mikki MS, Bukharev V, Zaki F. S., 1982.**Production of caramel colour from date juice. Proceedings of the First Symposium on the Date Palm in Saudi Arabia, p 552-558.

➢ **Mlaouhi, A ; Trabelsi, M ; Toumi, J ; Abl, I ; Mâaoui, W ; Khouja Med. A et L.Toumi 2007-** Optimisation des paramètres de compostage des effluents d'élevage et des déchets verts p10.

➢ **Mrabet A., Rejili M., Lachiheb B., Toivonen P., Chaira N. and Ferchichi A. 2008.** Microbiological and chemical characterisations oforganic and conventiona ldate pastes (*Phoenix dactylifera* L.) from Tunisia .*Anal. Microbio*.**58** (3),453-459.

➢ **Munier P. 1961.** Note sur le séchage et le conditionnement des dattes communes. *Fruits*, **16 (8),** 415 – 417.

➢ **Munier P. 1961.** Note sur le séchage et le conditionnement des dattes communes. Fruits, 16 (8), 415 – 417.

➢ **Munier P. 1973.**Le Palmier dattier Techniques agricole et productions tropicales, Maison Neuve et Larose, Paris, 217 p.

➢ **Mustin, M ,1987.** Le compost, gestion de la matière organique, Edition Françoise Du busc, Paris : 954 p.

➢ **Neuberg C. et Roberts I.S., 1946.** Invertase report, 4 Sugar research foundations, New York 200 p.

➢ **Nixon R. W. and Carpenter J. B. 1978**. Growing Dates in the United States. United States Department of Agriculture, Agriculture Information Bulletin No.207,U.S. Government Printing Office, Washington D.C.20402.

➢ **Ogaidi, AL-, H.K.H., AL-Khafaji, N.A. (1983).** The effect of hydrogen ion concentration and temperature on biomass production of Candida sp. using date extracts (Arabic). *Proc. of First Symposium on the Date Palm, Saudi Arabia.*

➢ **Peyron G. & Gay F. (1988) :** Contribution à l'évaluation du patrimoine génétique Egyptien. Phénologie du palmier dattier (*phoenix dactylifera* L.). Rapport de mission GRIDAO. DSA-CIRAD

➢ **Puri, A., Sahai, R., Kiran, L.S., Saxena, R. P., Tandon, J.S. and Saxena, K. C. 2000.** Immuno stimulant activity of dry fruits and plant materials used in Indian traditional medical system form others after child birth and invalids .J. Ethnopharmacol. *71*(1–2),89–92.

➢ **Reynes, M., Bouabidi, H., Piombo, G. and Risterucci, A.M. 1994.**Caractérisation des principales variétés de dattes cultivées dans la région du Djérid en Tunisie. Fruits 49(4), 289–298

➢ **RhoumaA.1994.**Le palmier dattier en Tunisie, I. Le patrimoine génétique. Tunis, Arabesques, INRA Tunisie, GRIDAO France, PNUD/FAO.1, 254p.

➢ **Rhouma A., (1993).** Le palmier dattier en Tunisie : Le patrimoine génétique. INRAT, GRIDAO_FRANCE, PNUD/FAO/RAD/88/024. Volume **1**, 254 p.

➢ **Roitsch T., Ehness R., Goetz M., Hause B., Hofmann M. and Sinha A. K. 2000.** Regulation and function of extra cellular invertase from higher plants in relation to assimilate repartitioning, stress responses and sugar signalling.*Aust.J. Plant.Physiol.*27, 815-825.

➢ **Santos S. ; 2002-** Unité de compostage de déchets verts. Installation Classée pour la protection de l'environnement. Mémoire de fin des études du cycle d'ingénieur, Ecole supérieur des géomètres et des topographes. Mans, 62p, avaible from.

➢ **Sawaya W. N., Safi W. M., Black L. T., Mashadi A .S et Al –Muhammad M.M. 1983 b.**Physical and chemical characterization of the major date varieties grown in Saudi Arabia: II. Sugars. Tannins And vitamin C. *date palm J.* **2, (2)** 183 – 196.

209

➢ **Sawaya W. N., Safi W. M., Black L. T., Mashadi A .S et Al –Muhammad M.M. (1983 b).**Physical and chemical characterization of the major date varieties grown in Saudi Arabia: II. Sugars. Tannins, vitamin .And C. *date palm J*. **2, (2)** 183 – 196.

➢ **Schliemann -Willers S., Wigger-Alberti W., Kleesz P., Grieshaber R. and Elsner P. 2002.** Natural vegetable fats in the prevention of irritant contact dermatitis. *Contact Dermat.* 46(1),6-12.

➢ **Sghairoun M, Belkadi M S et Ferchichi A, 2005** : estimation quantitative des sous produits du palmier dattier d'un oasis à la parcelle expérimentale d'Atilet-Revues des régions arides. N°21, P 422 – 424.

➢ **Sghairoun M., 2008.** Valorisation biotechnologique des écarts de triage des dattes (var .Deglet Nour). Mémoire du diplôme de Mastère .Institut Nationale Agronomique de Tunisie, 2008

➢ **Shraideh, Z. A., Abu-Elteen, K. H. and Sallal, A.-K. J. 1998.** Ultra- structural effects of date extract on *Candida albicans.* Mycopathologia **142,**119–123

➢ **Soudi B.** ; 2001-compostage des déchets ménagers et valorisation du compost .Cas des petites et moyennes communes au Maroc. (Actes édition), 102p.

➢ Suitability of some date cultivars for jelly making, J. Food Sci, Technol, 36, 515-518.

➢ **Tomotani E. J. and Vitolo M. 2006.** Production of high-fructose syrup using immobilized invertase in a membrane reactor. *J. Food Engineer.* **80,** 662-667.

➢ **Vayalil, P. K. 2002.** Antioxidant and antimutagenic properties of aqueous extract of date fruit (*Phoenix dactylifera* L. Arecaceae).J. Agric. Food Chem.*45,* 610–617.

➢ **Yousif, A. K., Benjamin, N. D., Kado, A., Alddin, S. M. and Ali, S. M. 1982.**Chemical composition of four Iraqi date cultivars. Date Palm J.*1*(2),285–294.

➢ **Zaid A. and Arias-Jiménez E. J. 2002.** Date Palm Cultivation. In: FAO Plant Production and Protection Paper (FAO), no.156/FAO Rome,.

➢ **Znaidi I. ; 2002-** Etude et évaluation du compostage de différents types de matières organiques et des effets des jus de composts biologiques sur les maladies des plantes. Master of Science degree Mediterranean organic C.I.H.A.M. Mediterranean Agronomic Institute of Bari, 85p.

Zeitfracht Medien GmbH
Ferdinand-Jühlke-Straße 7
99095 Erfurt, Deutschland
produktsicherheit@kolibri360.de

Druck:
CPI Druckdienstleistungen GmbH
im Auftrag der
Zeitfracht Medien GmbH
Ein Unternehmen der Zeitfracht - Gruppe
Ferdinand-Jühlke-Str. 7
99095 Erfurt